THINKING FRAMEWORK
PROJECT MANAGEMENT

项目管理的框架思维

王 岩◎著

中国林业出版社

图书在版编目（CIP）数据

项目管理的框架思维 / 王岩著. -- 北京：中国林业出版社，2017.9（2022.06 重印）
ISBN 978-7-5038-9299-8

Ⅰ. ①项… Ⅱ. ①王… Ⅲ. ①项目管理 Ⅳ. ① F224.5

中国版本图书馆 CIP 数据核字 (2017) 第 236804 号

中国林业出版社
责任编辑：李　顺　马吉萍
出版咨询：（010）83143569

出　版：中国林业出版社（100009 北京西城区刘海胡同 7 号）
网　站：http://lycb.forestry.gov.cn/
印　刷：河北京平诚乾印刷有限公司
发　行：中国林业出版社
电　话：（010）83143500
版　次：2017 年 10 月第 1 版
印　次：2022 年 6 月第 3 次
开　本：880mm×1230mm　1 / 32
印　张：8.25
字　数：300 千字
定　价：69.00 元

作者小记

读书的方式不应该是固定和乏味的。它应该是那种随意地翻开纸张，都能够找到自己的兴趣和对生活的想法的过程。于是，读书就会变成一件极其具有吸引力的事情。

我们希望读这本书的过程成为一次不经意的旅行。如果有兴趣的话还可以做做笔记，写下自己当时的想法或者是不同的意见。

看书能够帮助我们把似乎本来不相干的一件事情与另一件事情串联起来。当事件慢慢多起来的时候，我们或许才能够真正地看到事物的全貌。那时的感知才是更贴近真实的。我们不喜欢用故事来改变任何人的想法，因为，过度的情境会把人带入到一种催眠的状态，迫使读者不得不去被动地接受可能错误的观念。因此，我们不想通过故事告诉你任何东西。我们希望通过语言的交流和描述,让作者自己回忆起过去的种种经历和经验,然后,产生判断和共识。只要你愿意去拥抱过去,拥抱创新的想法,读完这本书和完成对过去的反思将会是一个同步的过程。

真理本身就是一个矛盾体,它本身没有正确和错误的区别,你要想了解它就必须站在当时的场景里,那样的感知才是最真实的。就像我们对一枚硬币的理解:它不应该是正面的,也不应该是反面的。当正面和反面融入一个概念中的时候,它才能被称作硬币。

我们并不想通过这本书来表达任何想法。我们只是试图通过自身的经历和经验,与大家分享一个思考的过程。如果读完这本书能够给大家带来一点点的冲动,萌生一种反思过去和探索未来的意愿,我们的目的就达到了。

　　写这本书的想法，来自2015年初的一次学术交流，在那次交流会中，我应邀给大家做了一次演讲。演讲之后，写这本书的想法就开始有了一点点的萌芽了。但是，由于时间有限，一直搁置了很长时间。

　　这个活动的发起者是一个对景观行业充满激情、致力于推动行业交流的倡导者。第一次找到我的时候，我们还不认识。但是，谈起行业的现状和行业存在的困境的时候，我们在很多方面都有相同的看法，我们都是做地产景观的地产工作人。在过去的十几年中，我们亲历了整个行业进入一个大规模膨胀的阶段。在那段时间里，求大于供的局面直接把整个景观行业的建造水平拉下了无数个百分点。在很长一段时间里，只要有关系，什么样的人员都能够进入这个行业。房子不愁卖，只要能够做完，什么样的景观都能够被业主接受。在这样的环境下，景观的专业性似乎变得可有可无了。以至于，很多人都不认为景观是一个行业、一门技术，而简简单单地把景观行业变成"种树"的行业，是一个放下锄头就可以从事的行业。事实上，景观行业真的不是像很多人想得那么简单。

景观是一个制造生活场景的行业。只要你在社会中生存，就不可能离开室外的场景交流，就不可能离开空间转换路径中的景观体验。我们说，"文化"指的就是固定下来的生活方式，景观场景就是直接影响生活方式的重要因素。因此，我们可以说"景观"就是文化的"代言词"，是可以融入我们血液里面的东西。我们必须重新认识景观，重新认识它的价值和地位。

可喜的是，整个行业在经历了一段时间的无序状态之后，开始慢慢回归理性。思想的转变有时候是很有意思的事情，行业里突然出现几个惊艳的项目，就可以瞬间打破过去所有的判断。当出现一群好的项目的时候，划时代的那一刻就出现了：财富直接改变了人的眼界和诉求。

发达国家经过几百年的进化，文化慢慢地被固定下来。现在，全球化的视野突然间就要被直接植入到我们当下的场景，那种改变是巨大的。

"景观"这个传统行业还在被人"驱使"地位中熟睡着，"可有可无的状态"代表着随性和无所谓的态度。"叫我怎么做，我就怎么做"几乎成为整合行业的上下游的通病。这种状态是可以不用头脑的，甚至是可以不用心，可以不用担起任何责任的。这就是我们长久以来的状态，也是一直以来被人忽视的重要原因。

在这样的状态下，我们这些景观从业人员处于行业的下端，几乎没有发言权。这种状态已经成为一种习惯，要去改变它将会是一件非常不容易的事情。但是，时代给了我们重新建立自信的机会，我们要去改变错误的观念。星星之火可以燎原，我们有责任、有义务去树立起行业的自信心。

我们谈得非常投机。行业必须建立起一个交流的平台，通过不断的交流和碰撞，让失去的十几年的时光重新显现。王澍老师曾经有过这样一句话，深深地影响了我，大概意思是"在过去的十几年，建筑成为一种产品，他们不需要我们这些建筑师，所以，我们只能藏起来。现在，他开始需要我们出现了，我们就应该出来了"。王澍老师的作品一经面世，就开始引领了行业。

景观这个行业也从来不缺少大师，只是在不合适的时代里，他们把自己沉寂下去了，他们在修炼内功。当下，文化的回归需要大家站出来，在一起交流。行业重新兴盛，我们这些景观人才能够得到社会的认可和尊重，这样的生活才是有意义的，才是有价值的。

这次交流深深地打动了我。人生在世，不一定能够立言立行，但是，如果能够通过自己的人生经验给予别人帮助，能够给予行业、给予社会些许经验，也不失为乐事。

于是，我欣喜地答应了这次演讲。但是具体该讲些什么，起初，心理没有一个明确的想法。

回去之后，我认真思考这十多年来的种种经历：在过去的十几年中，我做过设计、干过工程，之后在地产圈里也做了十多年的项目管理工作。在这些年的经历中，我目睹了时代给这个行业带来的种种变化。

在我们那个年代，认真做事还是我们生存的基本功。如果，因为我们的过失没有把事情做好，我们都会内疚很长时间。这种做事的态度是时代赋予我们的基因，它非常稳定和持久。因此，在那个年代里，我们的项目运作也没有什么太多的管理可言，靠的都是一股热情和认真做事的心态。虽然笨了点，还好，工作量都不算太大，还算都能够得到不错的结果。

随着地产行业的迅速膨胀，我们那个年代的年轻人也都步入了管理角色，新一代的年轻人开始成为这个行业的领跑者。可以想象：一帮没有管理经验，但是还有一腔热情的人带领一批在蜜罐里长大的新青年，去面临市场的迅速膨胀而建造标准要求极低的时代的时候，它的建造结果会是什么样子的。整个行业在这种极其低效的管理水平的环境下运行了十几年的时间，现在突然要改变，确实不是一件容易的事情。

我记得有一个设计院的朋友跟我讲起他的困惑："我们辛辛苦苦地做设计，我们都非常有信心能够实现一个梦幻般的效果。但是，施工单位做完之后，和我们的初衷大相径庭，非常失望。"这是大多数人员对行业现状的一种无奈。在无奈的背后，"施工人员的工艺水平差"成为这场口水战的牺牲品。但是，当我们再次回到管理的层面上去看待这些问题的时候，这种结果似乎和我们想象的完全不一样了。在科学的项目管理中，项目的成功与失败，管理者占到80%的责任，团队成员占到20%的责任，具体到施工人员而言，在这个体系里，他们几乎没有任何的责任。管理问题才是困扰行业现状的根本原因。

回想自己经历过的一些项目，其结果表现在行业内还算有些认可度。很多朋友找我索取成功经验，询问是哪个设计院做的、哪个施工单位施工的，甚至问道是哪个团队完成的。我回答道"你问的是哪个项目？哪个标段？第几期？……"

对于项目管理而言，项目的成功不是某个人或某几个人能够完成的，它是一个系统的工程。通过一系列的管理手段进行管理，最终的目的是保证按照施工计划进行施工。越有计划性的东西越是可以掌控的。尤其是景观工程，它是做空间、做生活场景的行业，能够确保思维的连续性才是结果呈现的最有力的保障。它是管理出来的，不是简单地做出来的。

在过去的很多年里，我有机会参加过一些项目管理的课程和交流活动。在这些活动中，我发现参加管理培训的人员大部分来自IT、金融、制造业等行业，很少见到景观行业的从业人员。我想，这也许就是景观行业存在问题的真正原因——整个项目管理行业的基础资源都在改变，但是，我们的管理水平仍然停留在工匠自律的管理水平中。要想改变，必须从思想中发生改变才能带来真正的变革。

想到这些，我就把这次交流的题目定义为"项目管理的框架思维"。希望通过自己十几年的思考和实践的分享，给大家带来新的思路。哪怕只是一点点的思想启迪，也知足了。

那次分享很成功。课后交流的时候，有人就提出"听得意犹未尽，尤其是内容太多，刚有些共鸣的想法又被新的知识遮盖住了"。后来就提出能不能把这些想法写成书籍，让更多的人接触到这些知识。

那次交流应该是第一次提出写书的想法。但是，由于工作繁忙，一直没有时间落笔。后来，一些朋友和企业也来找我做过几次分享，甚至一些景观行业之外的企业也加入交流的行列。由于时间有限，也没有时间全部答应。但是，这些经历给我一个非常大的感受：项目管理是不分行业的，它其实是一个管理思维逻辑。要想做好项目管理，就不要把学习管理的眼界局限在一个小小的专业里，需要以更平和的心态去接受新的观念，才能跟上时代的步伐，管理科学就是具有时代性的。这些新的想法，进一步推动了我花费更多的精力去思考项目管理的问题，并在实践中去反复验证新的管理思路的可行性。

转眼间，又过去一年多。一些朋友再次提起此事，才真正萌生写书的想法。

准备开始着笔的时候，才发现要一个理科生去写一些文科的东西，确实不太容易。工作仍然很忙，实在无法抽出一个完整时间下笔。为了能够兑现朋友的承诺，只好利用零碎时间下笔，凭着一股热情坚持下来。现在，终于算是写完了，也算了却了一份心愿。由于没有写作的经验，不敢确保书籍的可读性到底能有多少，就当一次分享课的交流稿吧，写得不好，请大家多担待。

作者小记

序言

引言（一）思维层面上、知识层面上和执行层面上的管理知识

引言（二）至关重要的专有名词

第一章　良好的沟通是管理的最高境界

> 管理的本质是沟通，沟通的方法是让彼此感觉良好，沟通的目的是影响一切可以影响的资源，使计划回归到原有路径上来。

多方承诺使管理更简单 / 3

计划可控是管理的前提条件 / 6

沟通的目的是让信息对等 / 10

好的沟通策略可以减少沟通成本 / 13

"契约"是管理的根本依据 / 17

不要被动地管理项目 / 20

人盯人的管理不值得推广 / 25

管理者的心态就是"旁观者"的心态 / 28

第二章　项目管理的目的是解决问题

所有的商业行为存在的唯一原因是其能够解决问题。解决问题的本身并不困难，只要用心去做事情都能够找到方法。管理中最大的问题源于为了逃避问题而采取一系列补救措施。

项目管理不是简单地做事情 / 35

管理就是解决问题 / 39

守住计划就是守住底线 / 42

管理是控制方向和节奏 / 47

管理科学简化了对人员的管理 / 50

第三章　管理是一个需要学习的系统工程

管理的本身是一门实践科学，科学知识都是被总结和验证的成功经验。只有通过系统的学习才能看到科学的全貌，否则都是在探索科学的过程中，距离成功还有一段漫长而艰辛的道路。

科学的管理方法是需要被培训的 / 55

企业文化能够带来价值回报 / 60

找到成为人才的路径 / 63

被人尊敬和让人信服同样重要 / 66

思维模式下的精细化管理 / 71

逻辑思维下的点状知识 / 77

第四章 项目管理最重要的工作是管理自己

人生无时无刻不在面对着各种各样的项目,其中最重要的项目就是完成自我的管理。只要完成自我管理,其他项目都是副产品,可随时管理好。

极其繁忙的状态不正常 / 83

用心做事情就能成为"大师" / 86

自信能够获得成功 / 89

思想的高度决定事业的成就 / 93

问题即答案,问题即思维 / 96

为别人工作是会被社会淘汰的 / 99

举一反三的总结才有价值 / 101

第五章 项目管理就是管理好相关干系人把事情做好

项目管理者的目的就是整合资源做事情。他不是技术的操作者,而是技术的管理者,在项目的角色中承担80%的责任。通过建立体系发挥团队最大能量是每一个管理者要做的事情。

管理团队的水平决定着项目呈现的高下 / 107

"铁打的营盘流水的兵"不是最好的管理模型 / 115

"信息不对等"的问题必须解决 / 118

领导能力不同于管理知识 / 121

简单的管理手段需要复杂的知识来支撑 / 124

管理方法必须与管理阶段相匹配 / 128

改变必须是破坏性的,甚至是颠覆性的 / 132

第六章　把项目做好是项目管理的主要价值

项目是企业生存和发展的基本单元，其重要价值是帮助客户解决问题。解决问题是所有商业行为存在的基础，更是企业生存和发展的基本动力。赚取利润不是项目管理者应该考虑的事情，而是应当考虑如何实现企业目标。

创造利润不是项目管理的职责 / 137

项目管理的目的是解决问题 / 140

质量和成本没有绝对的关系 / 143

要对专业心存敬畏 / 149

成本管理能够推动技术创新和管理创新 / 153

第七章　服务、协调和平衡是管理的主要工作

管理项目需要技巧，人员管理需要方法。通过管理把所有人员纳入一个多方承诺的体系里是最好的管理方式，进而实现更有依据，更有说服力的沟通。

做好服务和协调工作 / 159

会议管理是最有效的管理方式 / 163

不要召开没有反馈机制的会议 / 167

权利和义务是对等的关系 / 171

现场管理就是提意见、记考核、做东西 / 174

不要停留在把项目做完的层面上 / 178

完整的交底流程和方法 / 180

项目达成、技术创新和团队成长绩效 / 183

第八章　逻辑管理和非逻辑管理是必备的管理素质

管理项目需要逻辑,纯逻辑的管理才能将管理纳入一个标准的管理逻辑中。对于项目的管理必须是非逻辑的,通过倒逼机制才能做到影响一切可以影响的因素,使管理按照原有的计划实施,从而达到管理的目标。

先梳理再管控是正确的管理模型 / 189

培养别人的过程也是培养自己的过程 / 192

没有计划的管理不叫管理 / 195

管理就是让相关资源处于可控状态 / 198

项目管理是逻辑的,管理项目是非逻辑的 / 204

控制好前置条件就能做好管理 / 208

管理必须能够被量化 / 211

第九章　记住这些字眼

"字眼"就是一个个的"模子",而感受就是要"浇筑的液体"。要能够了解到"字眼"的价值远要比里面的内容重要得多。只要"模子"不变,我们就可以装进去色彩斑斓的内容,就会成为艺术品,就会变得更加宝贵。

结束语 / 219

思维层面上、知识层面上和执行层面上的管理知识

项目是一个有开始时间和结束时间的临时性的工作。如何确保项目能够按照预期完成是项目管理工作的核心内容。

在我们的项目管理的思维模型当中,项目管理大体上分为三个层面:思维层面、知识层面和执行层面。思维是方向,方向不正确,再努力都没用。知识是方法,我们讲知识就是力量,讲管理是一门科学,科学是第一生产力,就是在告诉我们学习是非常重要的。执行层面就是知识落地的过程,由知识到见识到胆识是质的飞跃,但是前提不能丢掉。

以前,我们经常会跟别人灌输管理思维模型的重要作用,后来发现存在一个非常重要的问题:很多人并不知道管理是一个什么样的概念,直接讲解思维模型对他们来说是非常困难的。虽然,在我的内心世界里,强烈地认为"掌握了思维模型以后，管理知识是完全可以抛弃的"，但是，没有管理知识作为基础，思维模型不能成立的事实确实是存在的。因此，为了更好地进行交流，不得不从管理知识的概念入手，以便降低沟通成本。

管理知识是思维模式中的点状的概念，当把所有的概念串联起来就成为线状的思维逻辑，线状的思维逻辑互相搭接起来，就形成了思维框架模型，它是空间性的，它是更立体、更全面的。

这个过程听起来似乎是一个非常有意思的过程。但是，它一定是非常漫长的。如果大家对我的想法感兴趣，可以跟着我的思路往下走，相信这是一个有意思的旅程。这个过程或许无法告诉你该怎么去项目管理，但是，只要你看完以下内容，你一定会知道怎样去把一个项目管理好。

我们大概从以下八个方面作为开篇，给大家介绍一下管理的基本概念。在之后的篇幅，我们再展开来分析这些概念。

管理的框架思维

我们相信，做任何事情一定是有逻辑的，有思维模型的。在自然界中，三角形是最稳定的，三角体是最牢固的，它们都代表着一定的规律性。在管理体系里，也一定存在着内部规律，那就是比较完整的思维模型。依靠一个比较完整的思维方式去做事情，确保整个思考过程的完整性，就能够把事情的本身分析得足够全面，从而避免出现思维的盲区，导致风险的出现。

为了能够锻炼出比较全面的管理思维方式，我们提出了框架思维模型的概念——就是一个多问一些为什么的思维方式。为什么会这么想？为什么会这么做？而不是简单地去把事情做完。

在传统文化里，"亦学艺，先学礼"是贯穿整个时代的一个重要概念。古人对于技艺层面上的东西是不太关注的，士、农、工、商的排序本身就是在描述这种重视的态度。表面上看，这个过程并没有足够的强调技术层面上的事情。但是，我们不可否认，传统的观念却造就了很长一段时间的经济繁荣。其背后隐藏的原因是通过教化完成了做事方法的传递。有了做事态度的确定，做事情本身就会成为一个顺理成章的过程了。因此，我们强调项目管理，学习如何掌握管理的思维模型是学习项目管理的核心内容。

项目管理是一件相对复杂的事情，如果想把一个项目真正地做好，需要处理的就是一个接连不断的过程。因此，一旦你想把项目做好，就需要考虑足够的东西。你需要考虑的东西越多、越细，你就会越觉得有干不完的事情。一旦你进入了这个怪圈，新的问题就不可避免地涌现出来：你对一件事情关注的足够多的时候，就会花费大部分精力投入到这件事情上来，于是，就会不可避免地放弃另外一些事情的关注。那些不被关注的东西有可能就是真正的风险。当风险爆发的时候，或许不会再有人真正地去关注你在做的事情，失败的经验就会成为管理能力的代名词。

我们希望把所有的思维体系做成一个框架，它是立体的，是有空间结构的。这些空间里所容纳的是管理的逻辑、思维的逻辑。这个框架就像建起来的大厦，做事的过程就如同大厦里的灯光，当过程被打开的时候，远远地站在外面就能够看到灯光的情况：哪些开灯了，哪些没开灯，这个过程就是在描述管理的问题所在，那些没被关注到的就可能成为管理的风险。因此，框架思维是一个风险规避的工具，更是一个项目管理的工具。有了这样的思维模型，就能够保障一个项目的管理更加简单、更加有效。

框架思维有时候是需要自己搭建的，有些时候可以借鉴别人的成果。在之后的介绍里，我们会介绍一下我们的思维框架，希望能够给予大家一些新的思路。

管理的几个概念

管理的方法是一个庞大的体系。只要你想去学习，就会有浩如烟海的知识供你选择。事实上，在这个行业里，从来没有一个绝对的大师能够了解到所有的知识，每个人对知识的学习都是渐进明确的过程。在这个体系里，只要寻找到自己适合的方法就足够了。只要你能够用到极致，都能够成为行业的专家，做出优秀的项目。

管理的方法是多种多样的，我们无法给予更多的经验。但是，管理背后的逻辑却并没有想象的那么复杂。我们从经验中寻找到一些可以借鉴的思路，只要你能够细心地品味，一定能够品味出不同的味道。对于管理思维的探索、挖掘和研究，都会起到非常重要的作用。

1. 创造利润永远不是项目管理者的第一责任，项目管理的唯一目的就是要把项目做好

项目的利润是在签订合同那一刻就已经基本确定下来了。项目团队的价值就是把项目做好，为公司创造很好的口碑和行业认可度；另一个价值就是通过管理水平减少管理成本的浪费，为公司节约成本。

2. 借力是一个重要的方法

我们在管理项目的时候，需要跟多方干系人产生联系，这种关系是复杂多变的，有时候甚至是不可控的。面对沟通困难的时候，一定不要忘记寻找一个可以依靠的中间人的力量去解决这种困境。其实就是借助别人的力量把事情推进，这是一个特别重要的方法。如何借力是没有一定之规的，是需要不断地去探索和实践的。

3. 永远不要让破窗原理出现

破窗原理讲的是精细化管理的过程。这个过程要求一个管理者具有敏锐的观察力，同时，要对问题的发生具有非常强烈的敏感度。一定要做到发现一个问题、解决一个问题，一点点地消灭掉人们对错误事件的惯性思维，从而在过程中规避掉风险发生的概率。

4. 尺子和尺子说明书的思维才是项目式思维的重要工具

我们在谈论管理的时候，经常会谈到用"干什么，怎么干，抓重点"的思维逻辑来分析管理的过程。这个逻辑被科学地定义为"管理三要素"，是我们做事情的一个重要的思考方式。但是，真正能够把构想出来的模型付诸实践，就不能只是安排别人去实施那么简单了，其背后必须有一个明确的评价标准作为支撑才能确保整个构想完整地实现出来。"尺子和尺子说明书"就是这个评价标准的模型，它所描述的是一种思路，传递的是质量控制标准，而非评价标准。它是一切质量控制的基础。

5. 影响一切可以影响的因素，使之回归到原有路线上来

没有计划的管理不叫管理，使计划处于可控状态的管理才是最优秀的管理。事实上，确保所有的资源在自己的掌控范围内是非常不容易的事情。项目管理的本身就是在复杂多变的环境中做事情，这个前提就注定了诸多的不可控的因素会影响到整个计划的执行。因此，要谈论项目管理，就不得不去讨论如何去解决这些个问题。面对问题的发生，很多时候，等待别人为自己提供条件是最经常采用的方法。这种方法最简单，最省力气，甚至连头脑都可以不用。但是，这种方法是最无效的。人的骨子里面都有着"我为本位"的想法，一切要保证自己的方便之后才会去关心别人的诉求。等待的结果就是所有人完成了自己的事情，能够被遗留下来的将是一系列的风险，那种压力是巨大的。因此，要想改变这种局面，必须打破这个固有观念的格局，采取主动的态度去面对问题。"影响一切可以影响的因素，使之回归到原有路线上来"就是在描述主动解决问题的一种态度，其背后的方法是多种多样的，是需要考虑的。有一句话叫"你不关心别人的问题，别人就成为你所关心的问题"这是解决问题的最好的方法。通过一系列问题的解决、管理计划的落地才会变得越来越清晰，直到完成为止我们才能够真正地知道计划是否可行。因此，管理计划本身就是一个渐进明晰的过程。这个过程的准确度与"影响一切可以影响的因素，使之回归到原有

路线上来"的能力有着直接的关系。

6. 要为问题找方法，不要为困难找借口

项目管理本身会遇到各种各样的问题。当问题摆在面前的时候，我们以什么样的态度和想法去面对这些问题变得尤为重要。换句话说，项目之所以失败，就是因为没有能力把问题解决掉。很多人在面对问题的时候束手无策，不去积极地寻找应对策略，而是花费大量的精力去寻找造成问题的原因，以此来推卸自己的责任。当别人以正式的态度谈论问题时，这些人就会寻找一大堆理由说明自己做出了多大的努力，但是别人不配合，因此，问题还是没有办法解决。这个做法是大部分没有经验的管理者的思维套路。我们不能说他们不负责任，只能说明他们还没有找到管理者的真正思维模式：要为问题找方法，不要为困难找借口。换句话说，我们必须找到能够真正解决问题的原因，然后要想尽一切办法去解决它就好了。一定不要被解决问题的问题所干扰，否则，解决问题一定会成为不可能。发现问题和解决问题的过程是需要逻辑的。

为什么推进不了一个项目？是因为人的因素控制不了？还是资金运转出了问题？是因为场地不具备条件？还是材料找不到来源？把所有的问题全部列出来，然后去一个一个解决。人不行？是因为管理人不行还是公司领导不行？管理人

不行的话就把这个管理人换掉，公司领导不行直接找公司上层去沟通。如果资金问题去找资金问题的解决方案，把所有问题的根本原因摆出来。面对问题，一定要有一个打破砂锅问到底的精神去找到根本原因。永远不要去躲避问题。人生最大的痛苦不在于困难有多大，而在于不断的纠结让自己左右为难。只要怀揣解决问题的决心，方法总会有的。

7. 予人方便、予己方便

根据项目管理计划完成项目管理工作，这是所有项目管理者需要遵守的依据。但是，在管理过程中，经常会发现影响我们的计划难以实现的原因与自身的工作没有太多关系，大部分原因都是来自别人的影响。要想解决这个问题，必须要求每一个管理者改变传统的以我为中心的思维模式。只有思维的改变才能带来根本的变革。"予人方便、予己方便"就是一个全新的思维模式，它所强调的是共赢的关系。在做事情的时候不要先考虑自己带来什么好处，而是要考虑会不会给别人带来什么问题？还有没有更好的方案可以解决这些问题。一旦你以换位思考的方式考虑所有问题的时候，你所做的就不再是做事情的本身，你是在影响别人按照自己的思路做事情。只有这样处理才能够真正地做到把整个项目管理起来，才能做到真正的掌控。

8. 舍得就是指有舍必有得，永远不要盯着眼前一点小利益

管理者的最重要的工作是平衡所有的问题，有时候是人的问题，有时候是事情的问题。这里的平衡一定不是机械平均的意思，它是一个动态的平衡趋势。只有这样做才能够在过程中驱动整个项目的前进，在结果中让所有的因素都能达到预期的结果。"永远不要盯着眼前一点小利益"就是在讲一个动态的平衡的过程，只有这样做才能够保证最终的结果是可控的。项目是能够直接产生价值的重要环节，它需要和多方干系人进行合作。如果，在过程中与相关干系人斤斤计较一些小的事情，必然会形成多方树敌的局面。关系变得敌对，沟通的本身就会成为一个大的问题。管理的本质是沟通，沟通出现问题一定会造成项目管理的寸步难行。问题多了，解决问题的成本自然是成倍地增加，这是项目管理最不愿意看到的。相反，过程中能够不时地摒弃一点小的利益，进而能够换取更大的信任和支持，解决问题就会成为举手之劳。于是，很多的大问题被分解成小的矛盾被消化了，沟通成本大大降低，效率自然提高。我们在经历过的一些项目中发现一个秘密：情感交流是能够带来效益的平衡的——为了帮助别人而付出小的利益大多数都是能够得到对等的回报的。除此以外，因此而带来的无形价值往往是巨大的，这样的价值往往只有在最后期的反思中才能够一点一点地被挖掘出来。

以小博大，这样的管理又何尝不是一个好的方式呢。

9. 项目收尾就是"打扫卫生"的过程

计划管理、倒逼机制、打扫卫生是项目管理的三个重要工具。其中，打扫卫生是项目收尾阶段的最重要的管理手段，更是监督和检查工作的重要依据，是顺利交付的重要保障。

项目收尾阶段意味着所有问题都将在这个时点进行集中爆发，所有矛盾都会在这个时点集中汇集。因为，这个阶段是所有工序都要完成的时点，其背后的逻辑是没有退路的，是没有时间妥协的。因此，到了这个阶段，很多管理者都是不讲理的，都会把大部分精力花费在如何完成交付的计划管理的层面上，对所有的相关干系人进行高强度的挤压，力保达成任务指标。抢工自然能够按时完成项目，但是，从全过程管理来看，会给后运营带来非常大的不可控性，甚至是巨大的损失。对于项目管理而言，这样的结果仍然是失败的。

我们强调"打扫卫生"的概念，其实是对抢工的一次反思，是项目赶工的一种全新的思维。"冲动是魔鬼"，越到时间紧迫的时候，越需要冷静下来，做好基本工作：（1）先不要考虑时间，要梳理并解决好所有遗留下的问题；（2）问题完成之后，重新梳理计划的可行性，跟进所有时点的承诺达成；（3）按部就班地根据既定目标完成项目。

项目的运作周期其实是没有一个绝对概念的，只要能够对前期的问题进行解决，就可以采用科学的管理方法在纸面模型中搭建一个合理的计划，在这种条件下管理项目，通常情况下都是可以保质保量地完成项目计划的。当然，如果通过计划管理都能够预判到目标是不能够达成的，那么，通过无序的抢工也不可能达成目标，这是可以判断出来的结果。

我们曾经经历过一个土建项目，由于前期的管控不到位，现场垃圾和整改量非常大。就在整个项目进入白热化的阶段，管理者叫停了所有工作进行集中清理场地，做到一尘不染。实践证明，这个举动获得了远远超出预期的结果。其背后有三个原因：第一，因为现场非常干净整洁，所有的专业人员不得不按照非常好的标准去实现，保质保量地完成结果（问题都是显而易见的，没人敢敷衍了事，换句话说，在垃圾堆里做不出好的项目）；第二，由于质量好，就没有返工的问题，效率大大提高，效率就是一次把事情做对；第三，重新安排计划，做到计划和落地的完全对等，做到了真正的可控。

项目管理的几个思维层次

项目管理的工作内容大体上可以分为质量、进度、成本、沟通、风险、人力资源、采购、整合等内容，再细分到下面的基础单元，将会是一个庞大的知识系统。因此，要想在管理项目的时候时刻保持面面俱到，将会是一项非常繁重的工作。我们强调框架思维，其目的就是采用一个层层深入的思维方式，时刻了解当下最关心和最不关心的事情，然后逐级分解管理对象，最终完成全面管理的内容。通过这种方式，可以梳理出一套全新的逻辑思维理念，大大节省掉工作时间并降低劳动强度。

我很喜欢用管理的层次去描述管理的思维逻辑，让管理变得更加可以操作。

管理的第一个层面是沟通，管理的本质就是沟通

管理本身并不是从事技术操作层面的工作，它的主要工作是管理相关干系人按照项目的要求完成本职工作。这句话其实是在强调管理者的沟通能力，它是项目管理的第一道工序。所以，我们在管理项目的时候和遇到问题的时候，第一件事不要考虑问题的本身，一定要分析所有的事情是否沟通到位，这是流程问题；如果沟通没有问题，考虑第二个问题是否正确，是关于信息对等问题。原则上，对于专业技术人员而言，只要信息传递没有问题，管理落地都能够按部就班地完成。

项目管理的框架思维

管理的第二个层面是：管问题、管风险

当沟通没有问题时，才会进入到第二个层面：管问题、管风险。

对于项目而言，如果都能够按照计划进行执行，不存在影响项目成功落地的问题和风险，这样的项目管理就是最好的管理。事实上，没有问题的项目基本上是不存在的。项目的本身就是在复杂多变的环境中做事，这个定义就注定了问

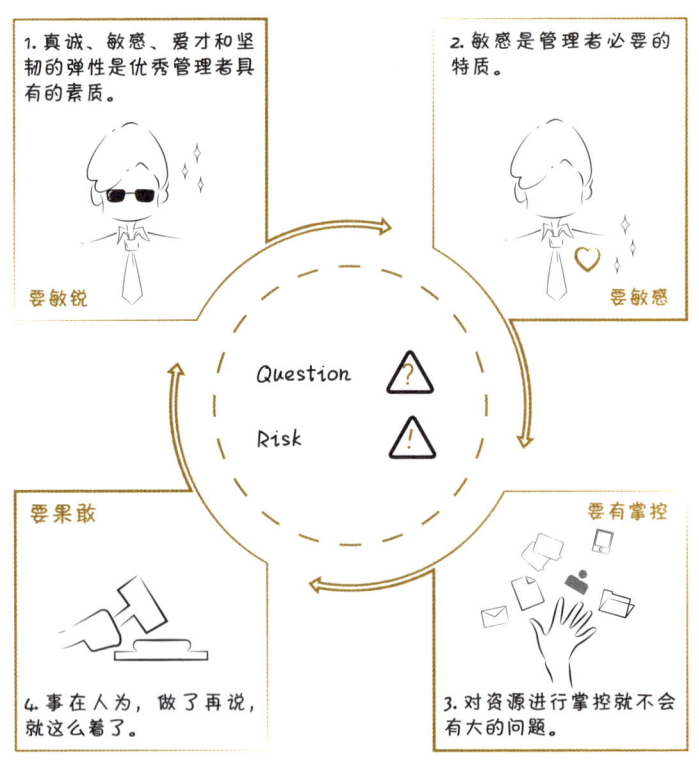

题是时刻存在的。在遇到问题时，采用如何的方式去解决才是我们要考虑的。很多人在遇到问题时都会钻到问题的表面现象中去，而没有经过冷静思考，变成了就事论事地解决问题，往往不会取得太好的结果。

解决问题和风险一定是有思维层次的。在遇到问题时，一定要了解清楚问题与哪些内容有关，属于质量、进度、成本、沟通、风险、人力资源、采购、整合中的哪一部分的内容，进一步找到有针对性的原因。然后，一个重要工作是要分析问题是否会给项目带来风险。如果存在的问题不会给项目带来风险，就可以适当地减少时间的投入。相反，就需要立即建立风险规划策略，把风险管理起来。

管理的第三个层级是：管人、管事、管资源

如果没有在项目的当下时点发现风险的存在，就需要进入第三个管理层级进行判断：管人、管事、管资源。

这个阶段更多的是对前控的管理。1. 这里的管人指的不是对技术人员和操作人员的管理，而是对相关干系人信息传递的及时和准确的检查。2. 管事是对干什么事、怎么干、抓重点的描述，是对项目宏观层面的判断。3. 管资源是对所有的准备工作的再检查过程，避免由于后期资源准备的不足而出现不可控的问题。当然，这里的资源不仅仅是材料方面的内容，原则上，所有影响项目运作的潜质因素全部叫作资源。

第四个阶段是评价项目运作是否正常的五点内容

即使以上的检查都没有发现问题，也不一定代表项目是成功的。在经历前三个阶段之后，一定要跳出项目的本身，去评估节奏、价值、风险、毛利率、现金流的走向，为项目运作的及时性提供有力保障。

这是评价一个项目正常运营的五点。我们在做项目的时候，经常会被项目牵绊的太深，以至于把自己变成项目的一部分，变成"只见树木不见森林"的局面。结果，忘掉了对全局的把控，忘掉了真正的价值。这五条内容从更高的层面去评价一个项目管理的运作是否正常，是一个更高的全局观念：

1. 节奏：看我们项目运作的节奏是不是跟规划相符合，如果节奏没有问题，这个过程不需要特别关注。这里的节奏还有一个更有意思理论，它是来自于自然的规律：山川、河流都是有变化的，是有节奏感的。管理项目也要做到张弛有度，才能激发出更多的灵感，建立起更加有创造力的团队。

2. 价值：我们认为做最有价值的东西才是最有意义的，这也是项目存在的意义。管理一个项目的本身是非常繁忙的：很多事情虽然占用大量的时间，但是却不一定有价值；

有些事情是很有价值，却并不一定很花费时间。我们评价它的价值的一个重要目的是在做选择，用有效的时间去做有意义的事情，以便把项目管理得更加全面。

3.风险：我们从大的层面去考虑我们的项目是否有风险，如果没有风险，我们这个项目正常运行也是没有问题的。

4.毛利率和现金：毛利率和现金流是项目能够正常运作的一个保障。我们需要经常停下来去看看我们的资金的状况，包括我们的成本是否可控，我们的资金储备是否及时，我们的周期运作是否符合预期的运营节奏、是否需要调整等。

第五个阶段是全项目管理阶段

经过以上四个步骤的管理，我们基本可以保证这个项目的管理是成功的了。但是，距离做好还有一定距离。要想真正地把项目做好，我们必须进入第五个阶段，全项目管理阶段。这个过程是阶段性复盘的过程，全面地审视质量、进度、成本、沟通、风险、人力资源、采购、整合等内容，随时保证"九大知识体系"没有问题，才能最终确保项目的万无一失。

以上五点内容其实就是项目管理的逻辑思考过程。简单地总结就是：一句话沟通；两句话是管问题和风险；三句话是管人、管事、管资源；五句话是节奏、价值、风险、毛利率、现金流；九句话就是就"九大知识体系"。

管理三要素是项目管理的核心思想，是项目式思维的思维模型

"干什么事，怎么干，抓重点"其实是在教授我们怎么去管理一个项目的思维方式。1."干什么事"是项目的分解过程，包括：目标、评价标准、工作逻辑和流程。对项目分解的越清晰，越深入，越能够做到心中有数。2."怎么干"描述的是做事方法、评价标准，可评测的工具。3.抓重点指的就是80/20原则，用重要的精力去干重要的事情。

"管理三要素"是能够把工作安排得更正确的一种方法。

计划管理

"没有计划的管理就不叫管理"，所有的项目管理工作必须是根据计划执行的。我们可以通过一个案例来解释计划的意义：在建筑行业里，设计师把施工图纸做出来，工程师就可以按照图纸把工程做完，我们认为设计图纸就是实体建筑的纸面模型。在工程管理体系里，管理者把施工计划排出来，项目团队就可以按照施工计划完成管理落地，我们把施

工计划称为项目管理的纸面模型。能够按照施工计划完成管理落地的团队才是优秀的管理团队,能够指导施工的计划才是好的施工计划。因此,我们强调好的项目管理一定是有计划的项目管理。

项目管理的几个阶段

工匠自律、质量监督、质量检查、全项目管理、全面质量管理体系,这是一个项目管理体系的发展途径。

工匠自律是一个传统的管理方法。就建筑而言,传统的建筑行业是最典型的工匠自律的行业。所有的工匠都有着完全的师承关系,并对专业有着极高的敬畏心。因此,交给他们的工作都能够自动完成,不需要太多的管理。在当下的建筑行业,工业化生产打破了原有传承关系,工匠的大量缺失,敬畏心的大量缺失,使得需要一个更加全面的管理体系进行管理。"监督、检查、前控和全面质量管理体系"是一个项目管理的发展轨迹,它是一个由紧到松的管理过程、是一个由复杂到简单的管理过程、是一个由低效到高效的管理过程。这五个阶段本身没有明确的优劣之分,关键要看自身的管理水平处在什么样的管理阶段,采取与之相匹配的管理策略就能够获得良好的结果。

在企业发展领域,初创的企业基本上采用自律的方式进行协作，这种方式通常能够为企业的发展带来极高的效率。但是，随着企业的发展，各种制度接踵而来，于是诞生了一个依靠庞大的管理体系进行管理的状况。从结果来看，无论怎么改变都无法带来初创时期的高效，因此，当下更多的管理者都在开始尝试传统管理方式的探索。从全世界的范围来看，新型的扁平化的管理正在悄然兴起。我们可以形象地称为"全面质量管理体系"。从本质而言，它是工匠自律的一种回归。

我们再次审查所有的管理方式，不难发现一个重要的观点：自律才是最好的管理方式。

学习曲线

学习曲线所描述的是一个人的成长路径。原则上，一个人通过重复做一件事情，他的做事的能力会以 10% 到 30% 的速度进行提高。因此，我们才提出专业人干专业事是最好的管理方式。对于一个企业而言，学习曲线所描述的是一个更高的管理水平，是一个更好的分享机制。举这样一个例子：在一个企业里，如果能够同时完成 10 个项目，大家在一起完成 10 次彻底的学习之后，理论上，所有人都能够获得一次 100% 成长的机会。对于企业而言、对于项目而言，这样的经历都是一笔巨大的财富。

对于个人而言，学习曲线可以帮助一个人进行成长：根据一个人做事的经历和学习的能力的不同，差距是可以在很短的时间内出现裂变的。我们看到过很多有着相同从业经历的人，却能够出现在完全不同的平台上。如果我们了解到他们的学习曲线，就会发现那是很正常的事情。这件事会给予我们一个重要的启示：做事情永远不是把事情完成那么简单，全身心的投入和不断地反思其背后的逻辑，才可能通过做事使自己真正地成长起来——你所投入的就是你所收获的。

项目管理最大的问题是把侧重点放在事上而不是放在人上

技术与管理的最大区别就是由对事的管理到对人的管理的过程转变，这是一个质的变化过程。这里的人不是现场管理人员，而是指真正能够掌控资源的人。

我们常说的"离现场越近、离管理越远"的主要差别也是管理等级的差别。当我们去基层解决项目中存在的各种各样的问题的时候，我们的视野就会更偏于技术层面，就会失去对全局的理解，这样的决策与管理没有任何关系。当我们远离现场，背后的沟通逻辑就会成为一种战略，成为一种战术，反而能够更好地解决问题。

项目管理的框架思维

至关重要的专有名词

项目管理的概念是庞杂的,无论怎么解释都无法描述出它的全貌。因此,我们只能从一些侧面进行讨论。内容虽然不够全面,但是,对于刚刚开始了解项目管理的人来说,当作一次基础知识的扫盲应该还是可以的。

我们谈论的大部分管理知识都是在我们的工作中应用过的和经历过的。在我们谈论这些概念的时候,内心是有很多共鸣的。它们有时候非常杂乱,有时候又非常的有条理,这种纠结一直贯穿思路的始终,它与我们的经历有直接的关系。对于刚刚开始接触项目管理的人来说,希望不要把自己的思路仅仅停留在我们所说的内容上,如果有兴趣,可以多关注我们应用的一些项目管理的"词汇",因为那些词汇才是真正的项目管理知识。这些词汇的意思可以通过其他的方式去找到答案，或许是了解项目管理的更好方法。当然，了解了词汇的意思，对于了解我们所要表达的内容也会更有帮助。

在开始读这本书之前，我们不得不再次重申一下我们的管理思路，对于理解之后的内容会非常有帮助。在我们的整套管理体系里，我们把项目管理分为三个层级：思维层面、知识层面和执行层面。

思维层面所描述的内容主要是一些管理思路，是一套正确的思考项目管理问题的方法，是我们这本书稿的主要内容。有了这个作为前提，其他的所有的概念都是技巧，都是思维层面的有力补充而已。

知识层面的内容是思维层面的概念的一些详细解释，是在实际操作过程中指导性的模板文件。比如启动会的模板、读图讲图的模板、会议的模板、计划编制模板、质量控制模板、检查模板、管理流程模板、图纸深化模板等等。有了这些知识的积累，对于操作层面上的应用是非常有指导意义的。不同的企业有不同的指导知识，是需要所有人去不断地总结的。

执行层面所要描述的内容主要是知识落地的过程，它更多地倾向于如何去应用管理思路和管理知识的过程，是最能够直接显现出管理水平的阶段。在这个过程中所描述的最多的应该是流程方面的内容，包括如何进行监督、检查的策略，是由知识到见识到胆识的质的飞跃的过程。

第一章

良好的沟通是管理的最高境界

管理的本质是沟通，沟通的方法是让彼此感觉良好，沟通的目的是影响一切可以影响的资源，使计划回归到原有路径上来。

多方承诺使管理更简单

计划可控是管理的前提条件

沟通的目的是让信息对等

好的沟通策略可以减少沟通成本

"契约"是管理的根本依据

不要被动地管理项目

人盯人的管理不值得推广

管理者的心态就是"旁观者"的心态

多方承诺使管理更简单

对于团队成员而言，能够被人信任是非常重要的做事法则。而对于管理者而言，能够让自己有信用，更是最好的管理手段。信任是指相信而敢于托付的感觉，它所强调的是对外在的相信。这是团队管理最重要的基础。

一个管理者不能够相信自己的队员，做任何事情都会心怀猜忌，就会造成团队成员做事情畏手畏脚。更可怕的是助长了不作为的作风，因为不被信任，就会造成做任何事情都不用心的后果。因为，他们知道，做得再努力也是不被认可的，与其努力不被认可，不如留给领导更多的机会去发挥自己的才能。我们经常会看到这样的管理者，每天都把自己累得四脚朝天，但是结果却往往不会太好。他们忽略了一点：项目是由团队做出来的，永远不是某个个人能够完成的。虽然有些管理者通过自己的努力把事情做好，但是，那样的方式仍然不是正确的管理方向。

当然，盲目地相信别人也是错误的方向。我们同样经历过过于相信成员的管理者，单方面地认为成员都是值得信任的，虽然一再发生承诺不兑现的结果，但是，管理过程中仍然自信地相信不会再次突破底线。这里存在一个重要的问题：把全部的信任交给一个经常不能够遵守自己承诺的人，一定会带来不可预见的风险。换句话说，不断重复做相同的事情，却希望获得不同的结果，那就叫神经病。

信任与否，其实本身并没有明确的界限，关键是要明确它的信任等级，在风险可控的前提下进行放权，都是能够获得预期结果的。

这里有一个重要的观念必须要明确：管理者的主要管理动作是对风险的管控。因此，只要成员的动作能够处在风险可控的范围内，就意味着这样的成员是值得信任的。这里强调的信任与做事情本身没有什么绝对的关系，重要的是管理者能够因人而异，把风险管控的细化程度进行划分，直到团队成员可以自由把控的程度，就能够形成良好的信任体系。

另一个方面，管理者的重要工作是要通过不断地观察、试探和培养机制，提高团队成员的信任等级。最好的管理结果就是通过不断地提高信任等级，达到不断放权的目的。当团队成员都能够被信任的时候，项目团队就能够自行运转了，这样的管理才是最好的管理模式；通过风险监控机制管理团队才是最好的管理方法；能够从管理项目的琐事中抽调出来管理更高价值的管理者和创新的管理者才是最好的管理者。

管理一个值得信任的团队，就能够获得事半功倍的效果。当然，一个不信守承诺，不断突破信任底线的团队成员，一定会成为项目的巨大风险。对于项目管理而言，这样的风险需要及早地解决掉才是最好的管理方向。

信任别人是一回事，让别人相信自己，让自己有信用是另外一回事。这是两个完全不同的层面，只有这两个层面充分配合，才能达到最好的效果。因此，我们强调管理就必须强调信任等级，推己要有信用、推他要充分信任。让整个管理团队进入一个彼此遵守承诺的生态圈，通过多方承诺来管理项目才是最好的管理模式。

读书体悟

计划可控是管理的前提条件

管理的本质是沟通，管理的过程是博弈的过程，管理中最大的问题是信息不对等，管理的前提条件是彼此信任。

信任从来不是与生俱来的品质。它是需要在工作过程中不断地磨合、交流、碰撞才可能产生的共识。这种共识一旦被沉淀下来，整个团队就会成为一个有着完全生命力的团队，几乎能够胜任任何被安排的工作。实际上，建立起彼此信任的关系是非常困难的。它需要一个严格的培训机制，明确的反馈机制，经过多次的结果成功的考验，信任才能被最终确认下来。这个过程是需要被流程、被制定、被安排的。一旦信任被确认下来，管理者就可以放心地安排工作，而不用再有过多的犹豫了。

在过去的很多的经历中，我们经常会听到一些项目管理者传来这样的信息"我已经把事情安排出去了，但是他们没有做好""我跟他们说了好几次了，他们就是没有做""我已经告诉他们怎么做了，他们还是做错了"。表面上看，这只是回答问题的方式的问题，实际上，它透露的本质是做事的方法本身是有问题的。

管理的本身从来就不是做事情。管理者是沟通者、协调者、资源整合者，它的主要目的是让专业的人去干专业的事，最终把事情做好。这里强调的一个重要的概念是让专业人把专业的事情做好。之所以用正确的方式去做事情却得到错误的结果，其根本原因是没有掌握到管理的核心内容——掌控。

管理就是掌控一切可以掌控的资源，使计划回归到原有的路径上来。一切不在掌控范围内的管理都是错的管理。失控的管理必然会造成失控的结果，这是必然要发生的事情。目标无法达成的事情之所以会经常发生，主要原因在于团队建设过程中，未通过信任系统的培养，就直接把管理者安排到相应的岗位上做事情，信任、放权，于是就造成了目标经常无法达成的必然结果。

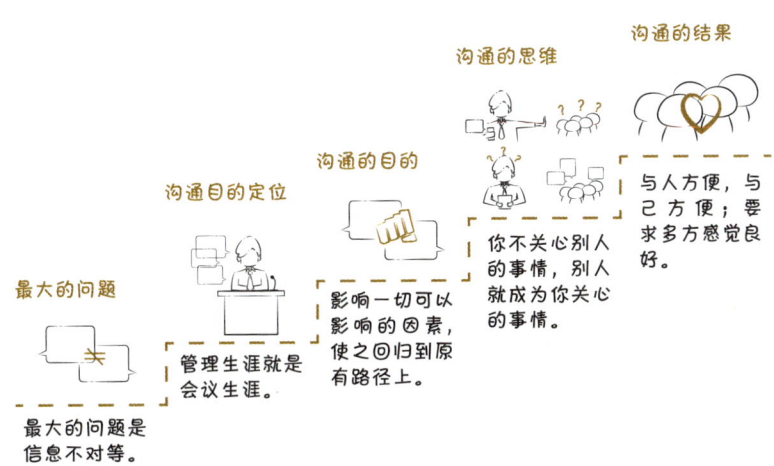

建立起彼此信任的关系是一件非常重要的事情，它是需要流程的建设和过程的培养才能确立起来的关系。在我们看来，会议管理就是一个最能够直接确立信任关系的最好方法。

会议管理的本身包括四个过程：第一，制定计划是一个明确做事方法的过程，是做事的前提条件；第二，多方承诺是建立信任关系的基础，承诺能够兑现就可以解决所有的问题；第三，布置工作是管理者的管理动作；第四，检查工作是对风险的规避，是结果达成的重要保障。这四个过程是会议管理必须要经历的过程，也是沟通管理的重要逻辑，更是做事的重要思维模型。经过这四个过程，管理者就可以随时掌握安排出去的工作的动向，随时准备采取纠偏措施，确保结果达成。

经过这样的经历的锻炼，信任系统是可以慢慢地建立起来的。如果一个优秀的管理者经过风险评判之后，始终无法在第四个步骤中找到风险，或是总是出现更少的风险，那么，就可以确认这个成员的承诺是可信的，这样的成员是值得被信任的，是可以被予以重任而不用过多担忧的。

我们常说"可控是信任的唯一标准"。多方承诺是信任的具体表现形式。当多方承诺值得被信任的时候，管理就会变得非常简单，就可以真正地实现"管理的本身从来就不是做事情。管理者是沟通者、协调者、资源整合者，它的主要目的是让专业的人去干专业的事，最终把事情做好"。

一个优秀的管理者必须培养团队成员"自我承诺"的素

质，同时完成自身对团队成员充分信任的转变，然后依托流程让团队自行运转，就可以成为一个真正的管理者，最终实现优秀的项目管理。

> **读书体悟**

沟通的目的是让信息对等

项目管理的本质是沟通，所有的团队成员必须成为最好的沟通者才能把项目管理好。沟通的主要目的是让信息在整个项目管理体系里充分流转，所有人都能掌握第一手信息资料，在信息对等的条件下做事情，共同朝向一个明确的目标去努力，整个项目才不能出现大的问题。

如何打开沟通通道是一件值得研究和学习的事情。它往往与人的经验阅历有关系，与人的做事方式有关系，同样与人的管理风格有着巨大的关联。不同的人采取不同的办法，不同的团队采取不同的策略。这点是需要观察和摸索的，并没有非常明确的操作方式可以寻找。

有的人喜欢事无巨细地、无时无刻地进行信息沟通。这种方式做到了信息的无缝对接，因此，可以最大化地利用好身边资源，做任何事情都不会出现大问题。这种沟通方式是最传统、最呆板的信息管理方式，它有一个通俗易懂的名称叫作"早请示晚汇报"。这种沟通方式的最大问题是信息反馈的程序比价复杂，决策判断的反馈链比较长，对于高速运转的项目活动来说，时间成本是其最大的风险。第二个问题是过于依赖于体系的力量，对于管理者自身的培养是非常滞后和缓慢的。从长远来看，这种沟通方式不利于人才的培养，不利于团队整体能力的提高，是需要改进的。

与其相反的管理者，由于自身的能力比较强，总能够得心应手地应付各种沟通问题，因此，很容易陷入沟通少、反馈少的沟通通道中去。虽然，整个行业都在强调自运营的能力，大力提倡问题的内部梳理和消化，减少沟通次数，提高生产效率。但是，这种做法忽略了一个重要的概念——管理本质是沟通，沟通的目的是让信息对等。项目管理是一个信息整合的过程，要确保信息在体系内无缝流转，才能保证整个体系的正常运作。它不是一个小的专业范畴，而是一个更大的生态圈，更完整的系统工程。因此，经常沟通是非常必要和重要的例行工作。

项目管理者是一个信息汇集点，必须平衡好所有相关干系人的利益才是好的项目管理者。经常向项目管理者汇报工作状况是每一个团队成员应尽的义务和责任，同时获得授权和支持才是完成管理的正确途径。换而言之，不与团队发生影响的工作几乎是没有的，任何措施都要做到信息传递，才是最合理的沟通方式。

过犹不及和沟通太少都是不正确的沟通方式，因此，控制好沟通频次是一件非常重要的事情。每一个行业都有其最适合的标准。在建筑行业里，有一个通用的标准叫作40小时定律，大概每周进行一次比较系统的沟通是一个比较合适的沟通频次。

随时做到信息的无缝对接，让更多的管理者参加进来，才能获得更多的支持和授权。依靠团队的力量完成管理是最基本的做事方法，能够推动团队的力量完成任务才是工作能力的最好表现，轻松地完成任务才是管理者成长的最终目标。

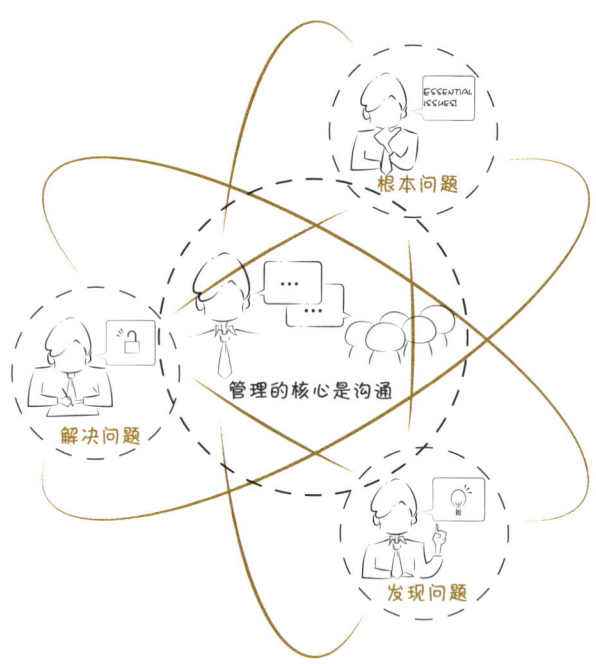

好的沟通策略可以减少沟通成本

管理的本质是沟通。沟通是整个管理过程中最重要的管理工具,谁能掌握沟通技巧,谁就能够真正的掌握管理的主动权。理论上,人的心性是复杂的,没有两个人的心性是完全一样的,就不可能有一个一成不变的沟通办法适合所有的人群。因此,在过去的很多年里,沟通技巧是需要在不断的失败中才能找到方向的,它是一个漫长而不可控的过程。但是,在管理科学的体系里,沟通过程变得具有极强的逻辑性,只要能够认真地去研究,就能够很容易地使用这个方法,把沟通变得简单而行之有效。

沟通的主体因素是人本身,人的做事性格和做事风格的不同直接关系到不同的沟通逻辑。因此,一旦把人的因素加上做事性格和做事风格双重标签以后,就可以对沟通方式进行统计和分类,然后去冠以不同的沟通方式了。这样的统计方式可以大大简化沟通的过程,使沟通变得简单,使学习沟通变得更加可行。

在管理科学中,把做事风格分为人际关系型和做事型两个分类;把做事型格分为做事快和做事慢两种特点。

做事风格为"人际关系型"的人，他们的主要沟通依据不是技术指标，更多的决策来源于过去的经验和自身的敏感度。因此，在与这种人沟通时一定要以案例为说服的依据，以情感交流为辅助的交流工具。只要方向没有大的问题，决策过程会非常简单。相反，在与做事风格为"做事型"的人进行沟通时，其沟通依据一定是以客观数据为参照的。这样的人是专家型人才，沟通的语言必须是专业术语，用逻辑数据才能获得信服。因此，与这样的人进行沟通时，必须要准备充分，数据齐全才能开始进行沟通。

做事性格为"慢性子"的人，做事情永远不着急。如果你不主动地推动沟通，不想尽一切办法解决问题，沟通失败就会成为常态的结果。因此，这样的沟通一定要积极主动地推动进程，要耐住性子聆听他的诉求，找到更合适的解决方案才能获得沟通的成功。对于做事性格为"急性子"的人，他会主动与你沟通，甚至会帮助你想办法去解决问题。与这样的人进行沟通的最好办法是积极配合，提高交流的深度，就能够很快找到沟通的窗口，获得非常好的沟通结果。

沟通风格和沟通性格一定是一个沟通者同时具有的两个特点。我们可以把它们比作 X 轴和 Y 轴上的两个数据，数据之间就可以划分出 4 个沟通区间。根据每一个沟通者的不同特点都可以在这个沟通方块里找到不同的位置，从而找到不同的沟通策略。

第一种类型:"人际关系且做事慢",我们把这种人称为友善型,这种人是真正的沟通杀手,是最难沟通的一种类型。这种人的沟通要以获得信任为第一要任,这是一个漫长的过程。获得信任之后,沟通说服才能进行下去,才能获得满意的结果。这种人的沟通不能急躁,要想加快沟通进程,必须经过频繁的碰撞才能获得机会。获得认同是一个自然而然的过程。

第二种类型:"做事型且做事慢",这种人被称为分析型人格特征。这种人在行业内属于技术高地,对专业的认可度有着极高的要求。这种人是非常理性的,他不喜欢更多感性因素的融入影响自己的判断能力。要想加快沟通的进程,必须充分做好技术层面的工作,通过技术说服才是最好的沟通方式。

第三种类型:"做事型且做事快",这种人属于行动导向型特征。他们比分析型人才有更多的控制欲望,更愿意去掌控项目的方向。这种人才本身就是技术高地,并且对技术层面的工作有着极高的追求。因此,与这样的人员进行沟通时,最好的沟通策略就是服从,顺着他想要的答案找到交集的结果,就能够很快地获得沟通结果。

第四种类型:"人际关系型且做事快",这种人才属于表现型人才、多变类型人才、善变型人才。这种人反应极快,但是,他的不确定性将会严重影响沟通结果。对于这种人员的沟通，一定要以一个平常人的心态去对待。要想确保最终的沟通结果是可控的，对其最好的沟通方式是以书面文件的形式进行确认。这种办法能够很大程度上抑制住沟通者多变的特点，从而有效推进沟通结果的快速达成。

总之，所有的沟通策略不外乎以上四种办法。但是，由于人员性格所处的位置的不同，这四种沟通策略又有互相渗透的可能。因此，在沟通之前，要进一步分析清楚沟通对象的位置，通过摸索和试探的办法，找到最合适的沟通策略，就能够起到事半功倍的效果。

这个摸索的过程确实不太容易，但是，它毕竟给我们提供了思考的方向。沿着这个方向去不断地培养自己的洞察能力，一定会使我们的沟通变得更加顺畅，使得管理变得更加简单。

读书体悟

"契约"是管理的根本依据

"契约"是指签字确认的约束条件的执行。这个过程传递的根本概念是在描述从业人员做事的基本原则,这个原则是当下所有商业行为必须要遵守的法则。任何背离的想法都会造成商业行为运行的困难,导致最终的失败。相反,每个人在彼此约束的条件下把事情做好,就能够营造出一个完美的商业体系,形成一个共赢的商业圈层。

"约束体系"是实现彼此信任的基础。在这个体系里,如果每个人都能够安守本分,协作本身就会变得非常简单。彼此按照自己的规矩做事情,就能够做到按部就班地工作,还能够有更多的时间去考虑更高维度的事情,做出更加出彩的成绩。因此,契约精神非常重要。

对于个人而言,契约精神所描述的是对自己承诺的兑现。这个过程强调的是两件事情:

第一,要求所有的人员都要对自己负责,这个前提是承诺的东西是可以实现的,这个过程本身可以带来巨大的创新力量。很多时候,人们习惯了不守承诺,明明知道无法达成的事情却随口答应能够完成,一直到失败之后才暴露出问题的所在，造成合作的巨大损失。相反，如果所有人的都能够对自己负责，对于风险问题据理力争，坚守承诺的底线，就能够影响到整个团队面对问题的态度，从而推动创新力量的实现，达成目标。很多时候，不是事情不好做，而是习惯了惯性思维不去思考而已，一旦创造出推动的力量，奇迹就可以发生。

第二，承诺的事情一定要达成。对于项目管理者而言，这个兑现其实是在要求自己以全项目管理的思维模式去做事情，它是团队成长的动力，更是高级项目管理的开始。

对于企业而言，"契约精神"是企业得以立命的根本。这里所讲的契约精神大部分来自合同条款的约定，其余的来自往来文件达成的共识，这是彼此约束的条件，更是保护自己的重要手段。对于甲方而言，契约是管理分供方的唯一工具，也是使管理变得更加简单的工具。我见过很多的甲方管理者，完全不去关注彼此的权利和义务，企图通过权力等级来突破界限，往往不会得到更好的结果。相反，通过条款说服能力的展现，能够让配合更加默契。这个背后隐藏的重要信息是督促管理者提高自己的管理水平，这才是契约精神带来的最高价值。同样的，乙方遵守契约管理往往能够得到甲方的高度认可，成为让人放心的企业，能够做得更大、更好、更强。

对于管理而言，契约精神指的就是让每个人安守本分，完成自己该完成的事情，然后才能够谈及管理。管理就是可控，可控的最基本要素就是要使自己可控。有了这个前提，才有可能进行管理升级。管理升级的目的是让管理更加高效，更加人性化。升级的管理能够让人的个体在参与商业行为的同时，赋予个体更多的私有空间和更加自由的生活方式。

　　管理本身就是一种契约，没有计划的管理不叫管理，守住计划其实就是守住契约。"能够守住"这一个词汇并不简单，背后的信任、尊重和创新精神都是商业行为最宝贵的财富。在没有守住信任、没有守住尊重、没有守住信用、没有守住承诺的前提下谈管理，本身就不叫管理，它仍然只能算作简单的干活。那种劳作是最简单的、最低劣的，更是没有希望的……

读书体悟

不要被动地管理项目

建筑这个行当的项目管理是纯逻辑的管理，逻辑性越强的管理越是简单的管理。对于简单管理而言，最好的方式就是纯计划性的管理。因此，一个管理者一旦掌握了计划管理的逻辑，就掌握了整个项目的运作。

事实上，整个建筑行业的管理没有真正地进入到纯逻辑管理的计划中，它还是比较粗放的，真正能够把计划做好的管理者并不是很多。我们见过大部分的管理者在编制计划时，计划的深度仅仅达到排列活动顺序的阶段，也就是在梳理逻辑的阶段。计划编制的重要内容不仅仅是排列活动的逻辑，否则，这样的计划编制就称为指导手册了，而不是真正的管理动作。真正的计划编制应该是包含了估算活动资源与估算活动时间的，这样编制出来的计划才是可行的计划。否则，制定的计划大部分都是指导性文件，是无法落地的。

由于编制计划的深度存在着严重的问题，造成建筑行业的很多管理者在管理项目时，经常会把本该是逻辑的管理变成非逻辑的管理，把本该简单的计划管理变成复杂的风险管理，这就是整个建筑行业当下所面临的普遍性问题。

良好的沟通是管理的最高境界

　　景观专业在整个建筑行业里是最后的末端工序，通常被认为是最难编制出可行计划的行业。原因在于它的输入条件是最不清晰的，是受所有建筑分包影响的，是不能被自己掌控的。理论上，前置条件的可控性越差，则对后续资源掌控性越差。管理的核心是掌控，由于对资源无法掌控，直接导致景观行业的管理是不可控的，造成无法做出好的项目。这个状态似乎成为行业公认的现状。

　　很多时候，业内人士对景观专业的评价就是一个不需要管理的专业，只要会抢工、敢抢工、能抢工，就是好的景观工程管理。当然，抢工的状态无法做出好产品，也自然成了大家都能接受的事实。

　　事实上并非如此。管理的本身就是在复杂多变的环境中做事。影响一切可以影响的因素，使之计划回归到原有的计划上来，这样的管理才是好的项目管理。换句话说，越是难以掌控的项目，越是需要管理的，越是能够看出项目管理水平的。景观工程是最需要项目管理的建筑工程，这个概念还没有被大多数人接受。我们需要打破原有的观念，完成思维的改变，才能实现真正的变革。完成转变，就能够完成好的项目管理，从而获得好的结果。

　　一直以来，在建筑这个行业里，景观行业始终处在一个从属的地位，因为它是室外的、末端的、收尾的。当别的所有的分项工程做完之后，景观才能进行收尾。因此，景观行业必须是被动的。表面上看，这是一个非常合理的解释。事实上并非如此，从项目管理的角度而言，没有一个项目应该是被动的，一旦变成被动，这个项目管理一定是出了问题。

我们观察过很多的项目，发现一个重要的问题：真正影响到景观管理落地的原因只有室外场地一个因素而已。换句话说，对于专业的项目团队而言，只要能够解决掉一个主要问题，能够争取到场地资源，做出好的项目产品就应该是一个正常状态……

在目前的状态下，大部分室外场地的管理权都掌握在建筑总包的手里。然而，建筑和景观是完全不同的两个行业。对于建筑而言，它是完全不会考虑室外生活场景的，它的全部出发点都在考虑如何方便地利用场地上。这是一个非常大的问题：对于建筑而言，它是土地之上的构筑物，它是没有经验考虑室外场地的未来使用状况的。因此，一旦景观工程项目进场施工，必然会打破原有的秩序，造成道路交通和材料堆放场地不足。对于没有经验的项目管理而言，那是非常致命的，会造成两败俱伤的局面。相反，景观这个行业的本身就是改造室外场地的行业，它有更多的精力和经验去盘活一个场地。如果它能够本着与人方便与己方便的态度去规划一个场地，并能够说服相关人照此执行，对于整个产品落地、景观落地而言，都是有巨大好处的。

景观专业越早地接手场地控制权，对于整个建筑项目而言，越能带来更好的开始。

第一，景观更清楚未来场地的使用状况，因此，在做场地规划时，能够更好地保证场地使用的稳定性和场地使用的周期性。

第二，由于景观行业就是室外工程，能够更清晰地监督各分包的场地使用状况；

第三，能够更有效地管理好安全文明的施工状态，从而提高整个项目的管理水平；

第四，能够有条件把项目做得更好，创造更好的生活场景，大大提高满意度；

第五，作为末端，是"倒逼机制"的直接参与者，能够更好、更有力地推动项目进程。

从上面可以看出，景观行业的项管理者，一旦掌握了自身能够给项目带来种种好处的价值，就能够主动出击，说服所有的相关干系人按照自己的思路腾退场地，为自身争取到更多的发挥空间，把项目做好。换句话说，景观专业能够进场的前提条件一定不是考虑建筑总包能够给自己什么样的场地条件，而是要充分考虑如何规划好场地的使用状况，尽快完成道路交通的通行和材料堆放场地的规划，然后移交给建筑总包，保证全项目的正常使用，从而作为交换条件争取到新的场地资源。景观专业就是应该通过不断地完成和置换争取到全部的场地资源，通过实现与人方便与己方便的过程，达到影响一切可以影响的因素，使计划回归到原有路径上来的目的。有了准确的场地推动计划，就能够做出相对精确的景观施工计划，按照计划实施才能够做出好的作品——这样的成功是我们经常可以见到的，这样的管理才是真正的景观工程管理。

　　管理的本质是沟通，沟通的最好办法是实现"与人方便与己方便"的过程。对总包如是，对分包如是，对于内部管理更是如是。"与人方便与己方便"是管理的最高境界，是沟通的基础，是更好地实现项目管理的最佳管理手段。

读书体悟

人盯人的管理不值得推广

全世界的项目管理者都在花费大量的精力去研究项目管理体系。到目前为止,整个管理体系变得越来越清晰和明了。但是,项目管理的管理方法却从来没有得到过统一的结果。

从项目管理历史发展的角度来分析,项目管理大体上可以分为五个阶段,第一个阶段叫作工匠自律阶段;第二个阶段叫作监督阶段;第三个阶段叫作检查阶段;第四个阶段叫作前控阶段;第五个叫作全面质量管理阶段。总的来说,越往后端的管理方式越倾向于先进的管理方式,越能够给项目带来更高的价值回报。但是,在现实的管理过程中,由于团队的组成不一样、所处的行业不一样、所处的阶段不一样、所处的环境不一样,这五个管理阶段同时存在于整个管理体系里也是常见的现象。五个管理阶段对应五个管理方法,多种管理方法同时存在也是必然的结果。

现实中,我们不能判断哪种管理方法绝对正确和优秀,只要管理方法的选择与项目所处的阶段相匹配,就是最好的管理方法。事实上,如何运用好这五个方法确实是一件非常困难的事情。很多时候,管理方法的选择与管理者的做事方式和处世哲学有很大的关系。用不变的管理方式应对多变的管理环境，通常会造成管理上很多问题的出现。

我们必须通过客观的分析，找到适合的管理方法，然后应用到项目管理中，才能获得更好的结果。

总的来说，越偏技术型的、简单的、逻辑的、基层的项目，越可以考虑应用偏于前端的管理方法。例如一些生产型的活动，是可以依靠时间来评价生产能力的，这样的项目就可以严格地遵从时间管理，采用人盯人监督控制的管理方式进行管理。在很多企业采用时间打卡的方式都可以划分在这个范围内。相反，越偏管理的、复杂的、不能用时间来衡量和评估的项目，越可以考虑偏于后端的管理方式。这样的项目可以采用检查的方式、计划的方式和全面质量管理的方式进行管理。

复杂的项目是不能依靠买断时间来完成项目管理工作

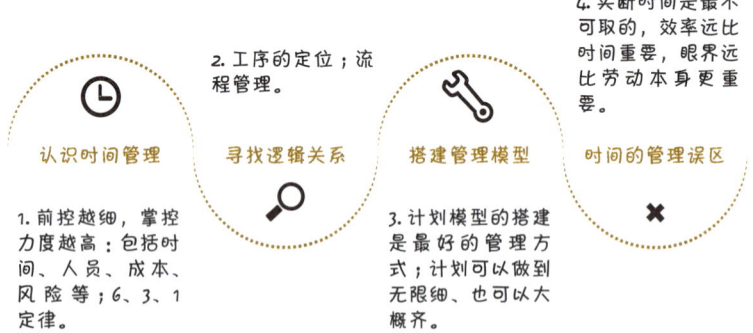

的，它更多的是需要依靠项目成员主动性的提高、管理能力的提高、创新能力的提高为项目团队创造更高的价值。这样的项目管理，需要有更多放权的可能。放权的前提是建立起强绩效管理的机制，实现用制度进行管理的可能。这种机制不仅能够规避掉项目的风险，更重要的是能够给团队成员带来紧迫感，督促成员积极主动地去学习，从而提高管理效率，为项目创造更高的价值。同时，培养团队成员主动完成任务的能力，为团队创造一个更好的良性的成长环境。

人盯人的管理不是值得推广的管理方法。它需要投入大量的人员成本，给项目带来成本压力。它会降低管理人员的主观能动性，降低管理效率。更重要的问题在于会造成信任危机：领导对员工不信任，就会造成团队凝聚力大大下降；员工对工人不信任，就会造成互相推卸责任，不会获得更好的结果。因此，管理得越深入越不一定有好的结果，能够建立起彼此的信任才是最好的管理方法。

读书体悟

管理者的心态就是"旁观者"的心态

很多人在做项目管理的时候，经常会把太多的精力投入到事情的本身当中，以至于把自己变成事情的一部分去管理项目，这是一件非常可怕的事情。这样的人在做事情的时候，不可避免地会把自己陷入就事论事的逻辑当中去，看不到事情的全貌。这种只见树木而不见森林的管理是最可怕的项目管理。管理不是一个就事论事的过程，我们应该把它当作就逻辑论逻辑的过程。要想用逻辑去管理项目，首先一点要做的就是跳出事物的过程管理，用旁观者的态度去客观地评价项目的运作状况。

用旁观者的态度得到的结论是拨开干扰获得的，那样的结论才是更加真实和可信的。当然，这里的旁观绝对不是一无所知的意思。恰恰相反，这里的旁观者一定是一个胸有成竹的人，整个项目的运作方向都是按照心里的打算进行的。

"旁观者"是一种做事方式和行为准则。我们常说"离现场越近，离管理就越远"就是这个道理。旁观者的胸有成竹，其实是在强调一个概念"管理一定是在技术层面而谈的管理"。不同的是，这里的管理不是技术层面上的动作，而是就管理而言的技术。

就管理而言的技术是管理的管控动作，它是一个考核标准，通过结果进行宏观调控的依据。管理的管控动作在执行层面的展现就是项目执行的方法，也就是项目的操作依据，它是一个渐进明细的过程。一个是考核、一个是执行，进一步解释了项目管理和项目执行的差别。

就项目管理而言，项目运作的逻辑管理主要包括三个内容：计划管理、倒逼机制和打扫卫生。这三个词汇几乎涵盖了规划阶段、执行阶段和收尾阶段的全部内容，它是一个全项目管理的概念。一旦掌握了这三个概念，整个管理就可以变得更加简单可控了。

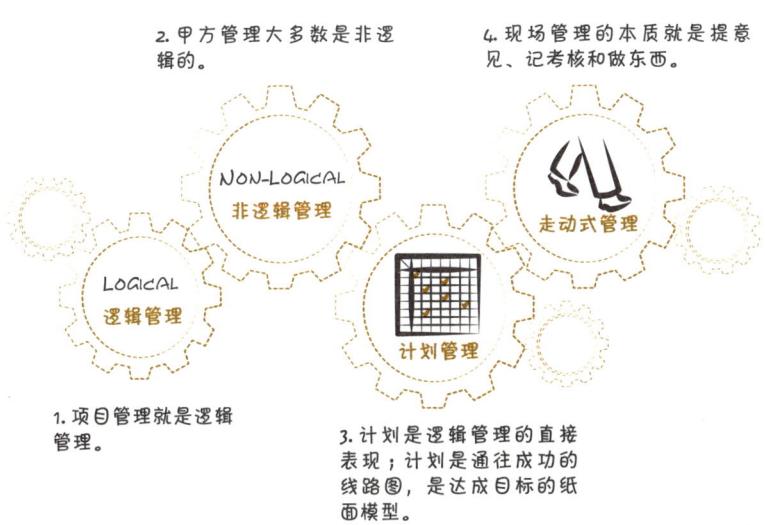

计划管理是技术层面的事情，是逻辑层面上的事，走动式管理是计划管理的有力支撑。倒逼机制是非逻辑层面上的事情，是管理层面上的事情，是跳出计划谈计划，跳出管理谈管理的核心。打扫卫生是方式方法上的问题，是项目成功的重要保障和措施。这三点是一个全项目管理上的事情，是一个闭合的项目管理逻辑。

第一，计划管理

计划是管理的核心内容，没有计划的管理不叫管理，那叫干活。尤其对于工程而言，大部分工作都是具有强逻辑关系的，这种具有强逻辑关系的管理其实是最简单的管理。在计划过程中划分得越细，现场实施就变得越简单，只要按计划干活就可以了。那些管理很辛苦的项目，其中一个原因一定是在计划制定的层面上出了问题。另一个原因是没有做到信息对等，管理仍然是一种盲目状态。

第二，倒逼机制

严格地说，倒逼机制就是计划管理的一个部分，是使计划管理得以落地的重要手段，是落地的过程。在这里强调的一个重要概念是项目管理团队成员都是相当专业的，只要给予足够的时间安排，所有人员都能够按部就班地完成自己的所有工作。然而，由于前置条件不可控，必将造成计划难以执行。因此，倒逼机制的形成一定是协调前置条件的落地过程，这是管理团队唯一要做的事情。在实际管理过程中，经常会出现前置条件都可以失手，最后的节点却不能突破，必然会造成结果不会太好。对于整个团队来讲，不管前期付出多少的努力，但是结果不好，所有的工作也就前功尽弃了。

第三，打扫卫生

打扫卫生其实是对安全文明施工的直接诠释。这是管理手段，更是管理的境界。在技术层面，我们的技术工种都是

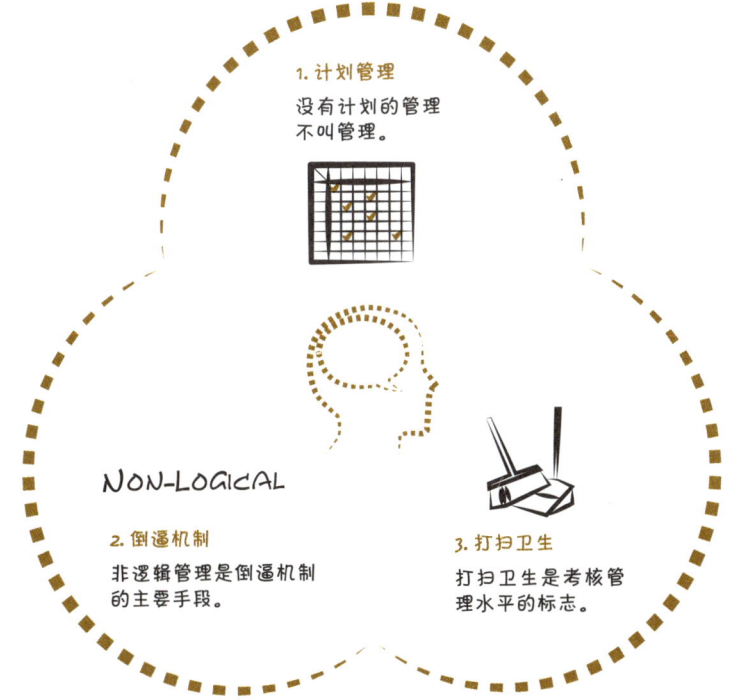

1. 计划管理
没有计划的管理不叫管理。

NON-LOGICAL

2. 倒逼机制
非逻辑管理是倒逼机制的主要手段。

3. 打扫卫生
打扫卫生是考核管理水平的标志。

合格的，技术工作本来不应该成为问题。从理论上讲，安全文明施工是工程管理的一部分，如果这部分做得不到位，就一定会出现"木桶效应"。一旦出现短板，结果就不会好。就现实而言，如果办公环境差，工作的积极性一定下降。就现场工人而言，如果工地上到处都是垃圾，工作面都受到影响，肯定没有心情把事做好。换而言之，如果到处都很干净，就工人自己而言，都不好意思把工作做差，更何况还有检查机制，一眼能被看到，谁还敢不做好呢。

做好一个管理者，必须对技术层面充分了解，但是不能过于执着于技术。对于管理层面必须要精通，还要运用纯熟。管理本身就是一个不断纠偏的过程、是一个整合资源的过程。

我们不离开地球看地球，永远看不出地球是圆的。不离开项目本身去谈管理项目，就永远谈不上进行管理，充其量也只能叫作干活而已。因此，我们不断地提出"旁观者"的观念，提出跳出画面谈画面，其目的就是要抛开复杂多变的事情的骚扰，才能客观地发现问题、解决问题，把项目做好，这才是项目管理者的价值所在。

第二章
项目管理的目的是解决问题

所有商业行为存在的唯一原因是其能够解决问题。解决问题的本身并不困难,只要用心去做事都能够找到方法。管理中最大的问题源于为了逃避问题而采取一系列补救措施。

项目管理不是简单地做事情

管理就是解决问题

守住计划就是守住底线

管理是控制方向和节奏

管理科学简化了对人员的管理

项目管理的目的是解决问题

项目管理不是简单地做事情

管理项目其实是一件相对比较复杂的事情，当我们管理一个项目或多个项目的时候，我们总会发现会有各种各样的问题出现。我们不得不去试图采用足够可行的办法去把这些问题解决掉。每一次解决问题，对我们个人来说都是一次巨大的成长过程。之后，我们采用了工作总结或工作复盘的办法对过去的问题进行梳理，试图通过规范人的行为规避掉未来项目中出现相同的错误。理论上这是一个非常好的途径。

当我们做的项目越多，我们的经验也会积累得越来越多。只要数据足够多和足够准确，管理项目过程中出现的问题就一定能够被解决掉。大数据的时代，一定能够带来技术和管理创新，能够带来新的方向。

当我们把过去积累的大量经验梳理出来之后，我们发现它是一个非常大的数据库。已经大到我们都没有时间去把所有东西看完，更何况要把所有的经验牢记在脑子里面呢？于是，我们发现一个更大的问题出现了，它和我们预判的结果完全相反——当我们的经验梳理得越来越多，现场遇到的问题似乎也越来越多了。

我们不得不去重新思考背后的逻辑，才发现是我们的经验积累实在是太丰富了，经验丰富到连傻子都能够看得懂。于是，出现了两个问题：

第一个问题，经验太多了，一看就明白，但是闭上眼睛又忘记了。花了大量时间去记忆，能够在血液里留下的东西又很少，这个现象恰恰是我们不想要的。我们更希望能够从血液里萌发出一点点的经验，然后在管理中开花结果，这样的经验才是有价值的。

第二个问题，很多人很教条地照搬经验，不愿去思考，从表面上看按规办事是没有问题的，一定不会带来风险。事实上，项目管理恰巧是在复杂多变的环境中做事，以不变的经验应对万变的项目管理，一定会造成更多的困局发生，带来巨大的风险。"人不能两次踏入同一条河"，完全相同的问题几乎是不存在的。我们更强调体验感，做每一件事情都当成第一次的经历去面对。这个背后的逻辑是强调认真做事的态度，更重要的逻辑是"好的态度是创新的开始"，对项目的不断创新才是项目管理的真正价值，才是项目管理的生命所在。

项目管理其实是一件很简单的事，当我们把问题进行重新梳理和归类，然后，去找出背后的逻辑和原因的时候，就会发现一个特别有意思的事情：所有的我们看似很复杂的问题，其实都是一些最简单的原因造成的。在工作中，只要是用心做事情,其实都不会造成问题的出现。这就是我们常说的透过现象看本质,要看其背后的原因。只要找到背后的原因,就会发现很多问题是相通的,解决问题会变得越来越容易,管理项目会变得更加简单。

我们再次分析管理的问题,就会发现问题的产生很少是因为事情本身造成的,大多数是因为人力造成的,是人不想把它做好,是思维方式问题、做事方式问题、态度问题。因此,做事本身其实是在作人,管事的本身逻辑也是在管理人。我们通过很多的方式,去培养人的做事方式才是管理项目的正确方法。

管理项目成功的最关键因素是人的因素,是基于人彼此信任的前提条件而达成的。彼此信任,能够让每一个人放下局限,发挥自己最大的潜能把事情做好。很多初创企业都是基于信任才能把企业做得更大更强的。

当彼此的信任水平降低的时候,企业文化、管理制度就出现了。制度的出现可以很方便地统一人们的思维方式,人们可以按照一定的行为准则做事情。理论上,这种做法在某种程度上可以使得人们的行为更加密切,减少沟通成本。但是,事实上似乎并不乐观:一方面,按流程办事的做法,就很容易把团队的成长速度拉低到团队里最低价值的成员的水平,因为流程无法跳跃;另一方面,如果所有人都按照流程办事,彼此间就会产生依赖关系,就不会有人去考虑创新的力量。于是，所有人都会变成按规矩办事，变得保守，变得固执。思想变得懒惰了，随之而来的是发现问题和解决问题的能力下降，造成管理过程中的诸多问题频繁出现。

我们经常会听到这样的故事：一个商界大鳄突然死掉了，它不是死在行业竞争的战场上，而是死在制度过于完善的体系中——它解决问题的能力大大下降。

当管理制度和企业文化无法解决所面临的新的问题的时候，就必须有大数据的资源进行匹配。流程、规范、知识积累成为可以直接规避问题的唯一出路，这种做法似乎可以解决管理过程中出现的所有问题。事实上，这一切都是一厢情愿的做法，它没有从根本上解决人的主观能动性的问题。我们更加相信，如果一个人没有创新能力，没有积极、主动地解决问题的能力，他更不会具有强有力的学习能力。在这种前提下，即使我们做再多的知识积累，也不能把知识变成融入血液里的能力。最终会出现一个结果：经验积累得越多，整体水平下降得越快，造成项目失败速度也就越快。

我们讲的管理不是做事那么简单，我们更强调的是人的因素更重要。我们希望在所有的管理过程中，人们能够对基础知识进行掌握，但是不需要对思想进行固化。我们希望在掌握基础知识的前提下，能够自主思考、自主创新，自行解决问题，才是管理者应具备的素质。

管理就是解决问题

项目管理的过程就是一个不断解决问题的过程。所有问题可以划分为由内部因素或外部因素造成的。由于问题的来源不同，解决问题的方法也是天壤之别，这是需要每一个管理者认真思考的问题。

对于内部因素造成的问题是最容易解决的。大部分的内部问题都是技术问题，能够用技术解决的问题都是有逻辑的，都是简单问题。除此以外的沟通问题，也仅仅是企业内部平衡问题，资源协调问题，只要项目管理者能够说服公司的决策，或是沟通问题已经影响到企业利益的时候，问题都是能够立即解决的。

外部问题是最难解决的，是影响项目成功与失败的关键因素，因此，必须投入极大的精力去解决。解决问题的方法是多种多样的，需要根据每一个管理者的特点选择不同的工具，只要是努力地解决问题都是正确的方向。很多管理者面对问题时更愿意选择等待和旁观，等待问题自然解决。这种方法最简单，不需要头脑。这种决策大部分是不理智的，是一种斗气的表现。表面上看是把所有责任推卸出去了，从实际表现来看，很少能够真正地获得问题的解决。因此，等待和旁观是最下下策，是最不可取的方法。等待往往带来的是巨大的风险。

谈项目必须谈论项目间的合作。事实上，并不是每一个管理者都有管理意识的。大部分管理者都是技术出身的，是没有管理体系的。只看当下发生的事情成为大部分管理者的做事方式，不去关心别人的事情更是一致的行为准则。因此，没有协作观念是造成项目失败的根本原因。

管理的概念本身就是协作的观念，一旦具有了管理意识，协作就变得非常简单了。所谓的协作就是计划可控的观念。计划的不可控是问题发生的根本原因，是造成项目管理产生巨大困难的根本原因。

项目对于每个管理者来说都是一次性的工作。在这个动作中，没有哪个管理者能够完全依靠经验来管理，每个管理者都在疲于应付各种各样的问题。更重要的是，由于管理者没有管理体系的沉淀，能够把自己的项目做好就已经不容易了，还要抽出时间来帮你解决问题，这本身就是一件不可能的事情。因此，作为一个项目管理的亲历者，必须使自己具有管理体系的沉淀，然后依靠自己的努力去影响一切可以影响的因素，以便达到解决问题的最好效果。

面对问题的发生，要勇于筹划应对策略。遇到问题要先考虑自己的问题出现在哪里了，而不要抱怨别人的问题，推卸责任。其次,要先考虑自己能够为别人做什么,再要求别人为自己做什么。

与人方便、与己方便,这才是管理之道。

读书体悟

守住计划就是守住底线

项目管理的定义是在复杂多变的环境中做事，如何做好相关资源的整合工作才是管理的真正目的。

在人类历史发展的过程中，项目管理工作无时无刻不在发生着，管理的手段和方法也一刻没有停止过变革的脚步。

在工匠自律时代，技术人员通过内部的自律协作就可以完成整个项目。其中有两原因，一个原因是过去的技术人员更加专业化；第二原因是所有的管理程序相对简单化。所有的人都能够被简单地纳入整个项目管理的时间维度中，并能够按部就班地按照既定的程序完成自己的工作。如今，项目管理工作变得更加复杂和多变，它的整个项目管理工作更加趋于管理而非技术。大量的本来不应该出现在技术层面上的非相关人员被纳入同一个系统中进行协作，每个人都有不同的立场和想法，大大增加了现有的项目管理的难度。这时候的项目管理与过去的项目管理方式发生了巨大的改变。

以往的项目管理的大部分工作内容是安排工作，整个工作流程就能够自行运转。如今的项目管理工作更趋于不断地协调、沟通和解决问题。

项目管理的目的是解决问题

　　无论项目管理的流程发生什么样的改变，它们的结果从来没有发生过改变，就是：让所有的相关人可控、让资源可控、让时间可控、让结果可控，最终的目的是按照既定的要求达成结果。使整个项目处于可控状态，这是项目得以成功的重要保证。因此，我们谈论管理就不能不去谈论如何去掌控整个项目。

　　项目管理的过程是相对复杂的，内容更是庞杂。如何能够把所有的内容加以统计和归类，使得整个管理流程更加清晰和明确，对于一个管理者的成长来说至关重要——能够按照规矩做的事情是最简单的。

　　我们经常会和一些管理者探讨管理的流程问题，探讨如何去管理一个项目。很多管理者都会抱怨项目不好管，很多问题不可控，干得越多越发现项目越不好管。我们对很多问题进行梳理之后发现一个问题，其实大部分管理者并不知道管理的全过程是什么样子的。对过程不了解，就不能针对不同的阶段采用不同的做法，造成所有工作不分轻重缓急，什么都做，结果什么都做不好。

　　科学的项目管理过程分为启动、规划、执行、监控、收尾五个阶段，每个阶段的管理手段都是不一样的，是需要我们不断地学习的。在我们看来，规划阶段是全流程里最重要的阶段。因为，它直接说出了管理的核心内容：没有规划的管理就不叫管理，不能使规划处于掌控状态的管理不是成功的管理。

项目管理是在复杂多变的环境中做事，一个好的管理者一定能够在变化的环境中确保计划管理处于可控状态，这个管理才是好的管理。因此，我们才提出管理就是掌控，管理就是"影响一切可以影响的因素，使之回归到原有路径上来"，这个原有路径就是我们的计划管理。

项目管理的核心内容就是确保项目管理计划处于可控状态。所有影响计划落实的因素都应该被纳入掌控的范围中：时间、质量、成本、风险、沟通、采购、人力资源等等因素都是需要被掌控的。要想掌控所有的因素其实是一个系统的问题，这些内容必须要被分配到项目团队中去管理。

管理这些内容似乎是非常困难的事情，但是，如果我们看到其背后的逻辑，就会发现掌控起来又是一件非常简单的事情：所有结果的落地都是由人来完成的，能够掌控相关干系人，其实就能够掌控整个项目。因此，我们才说，掌控项目其实就是对人的掌控。

管理的本质就是掌控，最重要的、也是最难处理的问题就是对人的掌控。很多时候，项目管理者都会被各种情感所影响，造成项目管理的诸多问题出现，这是必须要被解决的。我们经常会谈论管理科学的概念，这个概念更强调管理是一门科学，是一种可控的状态，而情感不是科学的，是最难控制的。我们要能用科学的管理办法使人员处于可控状态，确保掌控所有的人员，管理本身就会变成一件非常简单的事情了。

当然，有的时候，对资源的掌控同样具有重要的意义。

在过去的经历中，我们经常看到这样的管理者：他们每天忙于跟团队成员进行沟通，所有的管理动作也要亲力亲为，尤其是对于技术层面的工作更是百倍关注，总是期盼着能够得到更好的结果。但是，事实的表现来看并不如意。于是，我们就会更进一步了解产生的原因。从团队成员的反馈来看，大部分的答案都是材料没有到位，施工条件没有腾退出来。"巧妇难为无米之炊"，没有前置条件的铺垫，再好的团队也无法把项目做好。换句话说，整个行业从来不缺少技术人才和技术精英，也从来不缺少能够把项目做好的愿景，但是，大部分都是资源的不匹配，造成项目落地变得非常困

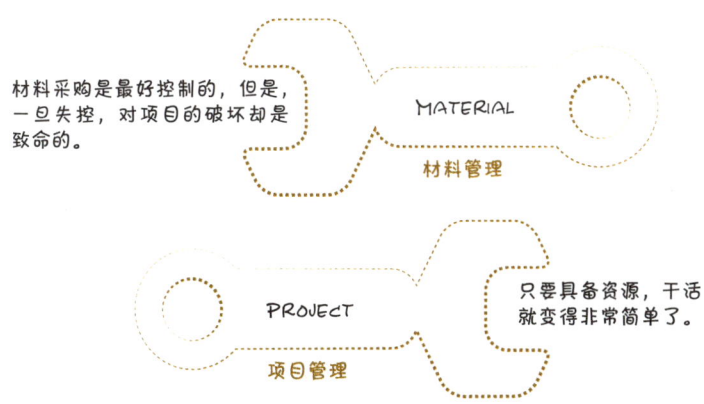

难。

我们见过这样的管理高手,经过他们管理的项目都非常成功。他们在管理项目的时候只会问几件事"材料够不够?人员够不够?前提条件还有什么问题?"。在他们评估完之后,一旦认为没有风险,就不会干涉更多的事情了。

没有计划的管理不叫管理。管理就是影响一起可以影响的资源,使管理回归到原有计划中来。这里强调的资源不是狭隘的资料,而是影响项目达成的所有可以被利用的人和物。所以,我们才说项目管理的掌控就是对资源的掌控,它在整个管理过程中具有极其重要的意义。

读书体悟

管理是控制方向和节奏

有无数个行业机构都在着手研究项目管理的管控流程，但是，当我们完全照搬这个流程去落地的时候，就会发现很多事情是行不通的。世界上从来没有两个完全一样的项目，因此，就不可能有完全一样的管理模式能够被重复利用，而且还能够获得很好的结果。

项目管理工作不可能是一个简单的复制过程，它是多变的，是需要改变的，是需要探索的。这与企业文化有关系，与项目的存在方式有关系，与项目的所处阶段有关系……总而言之，从来没有两个项目是完全一样的，因此，我们在管理的时候，就必然会出现不一样的管理方法。

项目管理这个行业里从来没有真正的专家，我们只能说他比别人管理得更好一些，但是没有人能够保证百分之百的成功。因此，我们在这里谈论项目管理，无法详细地讲解到底该怎么去管理一个项目，我们只能讲解一些方法、一些经验。有时候，我们更愿意把它叫作"经验科学"。当我们不断地把科学的管理方法应用到项目中，能够在结果中寻找出明确的管理思路的时候，我们便能够成为这个领域里的项目管理专家。

很多时候，一个项目管理者总是纠结于执行层面上的事情，这是一个完全错误的观念。做事情的本身不是执行层面的事情，而完全是技术层面的事。

在我们看来，能够被选拔出来从事技术工作的团队成员都是合格的技术人员，在技术领域里去执行本职工作都是得心应手的事情，都是信手拈来的事情。然而，很多个技术专家在一起做事情却不一定能够把事情做好，这才是我们需要关注的事情。然而，很多管理者不去寻找其背后的逻辑，却对执行的本身关注太多，甚至冲到一线去指导别人做事。一旦管理者走到这个层面上，整个项目距离失败就不远了。

执行层面上的事情是做事的过程，它是需要管理者的安排才能实施的。项目管理者在技术层面上是不接地气的，只要亲自干涉就会造成混乱，这是必然的事情。管理者不应该进入技术层面上，他必须站在更高的维度对整个逻辑进行全盘把控，才可能在赶工和快速跟进的角色中掌控全局，保证项目的顺利实施。

我们强调"管理不是单纯地指导别人干事"，就是在强调管理者应该站在更高的层面上去控制方向，去控制节奏。在平衡所有干系人需求的同时，又能够调动所有干系人把事情做好，这样的项目管理才是正确的方向。

管理是需要技巧的，我们常说"离现场越近，距离管理就越远"就是在强调这件事情。做好一个项目管理就像指挥一场战争一样,必须具有运筹帷幄的能力才能获得最终的成功。它必须是强计划性的、强监控性的,然后,让项目团队完成自运行,这样的方式才是正确的。

读书体悟

管理科学简化了对人员的管理

项目管理是一门科学,能够被定义为"科学"的东西都是逻辑的,都是能够被传授和学习的。只要是有意愿在这个领域里获得更好的成就的人,都不应该放弃任何学习的机会使自己成长。因为,科学的本身就是经验积累的结果。从大量的经验积累中提炼出来的方法,都是前人用血和泪总结出来的教训。只要认真学习,一个项目管理者就能够绕开失败的阴影,更容易获得管理的成功。

整个世界都在被学习的氛围笼罩着。通过学习,管理者就可以掌握更多的管理方法。所有能够落在文字上的东西都是方法,都是逻辑。充分了解逻辑,充分挖掘背后的逻辑,就会发现其实一切都是比较简单的。

整个教育体系里都在传授这样的观念:"不要为失败找借口,要为成功找方法"。不断地学习和充电就是寻找方法的最佳途径。当然,仍然有一部分人没有经过知识的洗礼,用着自己的独特的方法去管理项目,同样获得骄人的业绩。但是,这种管理行为的成功只是表面的现象,是不足以支撑整个管理体系的。其背后都有着相同的非主流的成功逻辑:

第一种是因为这个行业本身没有形成学习的氛围，所有的项目管理者同时站在非体系化的管理领域里，因此能够获得相应的成功；

第二种是因为没有横向拉通对比，没有真正碰到成功的对手，没有与真正优秀的管理者做过对比，因此不知道获得的成就在管理体系里根本不值一提，在某种意义上说只是把事情做完，而不是获得成功；

第三种是因为这样的项目管理者的执行能力相对较强，而经过体系化培养的管理者的落地能力较差，因此，非主流才能够战胜主流的管理者，才能够脱颖而出，获得骄人的成就。

以上种种现象都在描述一个概念，非主流管理的成功都必须在特定的时间、在特定的时点才能够发生，这样的成功都只能是个例，不能成为主流。当整个管理体系更加开放，学习氛围更加浓烈的时候，这种非体系化项目管理者的生存空间就会变得非常狭小。

项目管理的体系是非常重要的，它通过系统地梳理管理流程，把项目管理工作变得更加清晰和简单。在某种意义上说，只要能够按照管理流程去管理项目，获得成功的概率要高很多。当然，一些管理者也会遇到管理落地的困难，造成管理的失败。这是理论联系实践必然要经历的过程，它是需要不断研磨的。

体系是非常重要的，它是属于思想层面的上层建筑。但是，管理本身不能只是停留在思想层面上，它必须被执行才能产生价值。否则，他只能被称为优秀的理论家，而不能称为管理者。

我们说管理的核心是掌控，能够掌控整个项目就是管理落地的方法。事实上，掌控是一件非常困难的事情，它要被分为很多个层面：

一、管理科学本身就是在传授掌控的方法和工具，这是最基本也是最全面的。只要能够运用得当，一切便都能够在掌控范围内了。

二、管理本身是对人的掌控，对人的掌控其实是最困难的。这就是为什么很多管理专家在不同的团队里获得的成就是完全不一样的原因。因为管理的本质是沟通，沟通技巧似乎不在管理体系里，却对管理的成功与否起着重要的作用。如何管控住人的因素，是一件非常复杂的事情。这里列举四个方法，可以作为一个引子供大家参考：权力；个人魅力；威胁；危机处理方案。这四点是解决沟通问题的基本方法。权力是法律给予的特殊能力，这是权力等级的约定俗成；个人魅力是自我表现给人带来的影响，人们从内心里愿意听命和服从；威胁是权力交还的一种方法；危机处理则是一个随机应变的过程，需要不断地思考才能达到的方法。

第三章

管理是一个需要学习的系统工程

管理的本身是一门实践科学,科学知识都是被总结和验证的成功经验。只有通过系统的学习才能看到科学的全貌,否则都是在探索科学的过程中,距离成功还有一段漫长而艰辛的道路。

科学的管理方法是需要被培训的

企业文化能够带来价值回报

找到成为人才的路径

被人尊敬和让人信服同样重要

思维模式下的精细化管理

逻辑思维下的点状知识

科学的管理方法是需要被培训的

项目管理的本质就是在复杂多变的环境中做事。这里再强调两个概念：一个是在复杂多变的环境中进行沟通，它需要更多的管理手段和管理知识来完成人与人之间的互动；第二个是把事情做完，这是纯粹的技术层面的事情，它有更明确的目标和结果。

管理的本身是协调和沟通，而项目管理的本质是要把事情做完，这是两个完全不同层面的事情。

做事情的本质是需要技术的。要想做好一个技术工作，必须要有在技术领域里成为精英的人去实践才能完成。换句话说，要想把事情做好，必须有精英的人物参与进来做事情。

项目管理者要对技术有所了解，但是不能成为技术领域里的精英，技术越高的人越难成为好的管理者，因为管理和技术是两个完全不同的方向。

技术是管理的基础。我们常讲"知己知彼，百战不殆"。一个优秀的项目管理者必须对技术充分了解，才能更好地体悟到技术人员的需求，才能更好地沟通、协调和解决问题，把整个项目团队带到更高的层次。

项目管理的本身需要具有更全面的知识体系、更宽阔的管理视野，但是，它不需要有更多的专业技术方面的纵深。专业技术只是管理的基础，如果管理者对技术专业研究得过于深刻，他的整个视野就会成为一个点，成为更加单薄的层级。

在整个商业行为里，专门设定的职业叫作职业经理人。这样的人一旦成为职业经理人，它就可以轻松地在多个领域内进行管理，而且很容易把事情做好。因为，管理者讲的不是技术，管理者讲的是更高的维度、更宽的视野。

一个优秀的项目管理者，必须对方方面面的知识有所了解，才可能依靠更广阔的视野去管理一个项目，并把项目带领到一个更高的层级。

千百年来，项目管理从来没有停止过发展的脚步。当下，全世界的精英都在研究过去项目管理的经验，以便引导整个项目管理工作朝向一个体系化的方向发展，那个方向才变得更加科学。科学本身就是一个技术活。

项目管理本身是可以没有技术的，人们依靠自己的用心，就可以把项目做完。在我们以往的经验里，只要掌握了技术，就可以依靠光环效应把事情做好。当所有的人员都站在这样的起跑线上的时候，采用这种方式进行管理项目是完全没有问题的。但当整个商业社会的规模不断扩大，所有的管理者都在采用高效而科学的管理方法的时候，再采用传统的小作坊式的方式去管理大规模的协作就会变得非常困难，它的运转也会变得非常脆弱。在传统的管理方式中，管理本身更加依靠个人的能力，它需要的是所有的条件都能够按部就班地达成目标。而当下，最不可控的就是人员的自律精神，没有自律，就不存在按部就班，就没有工匠自律的土壤。而科学的管理不需要这些苛刻的条件，它只要依靠方法就可以对整个过程进行掌控。

近百年来，发达国家之所以能够迅速地发展起来，就是

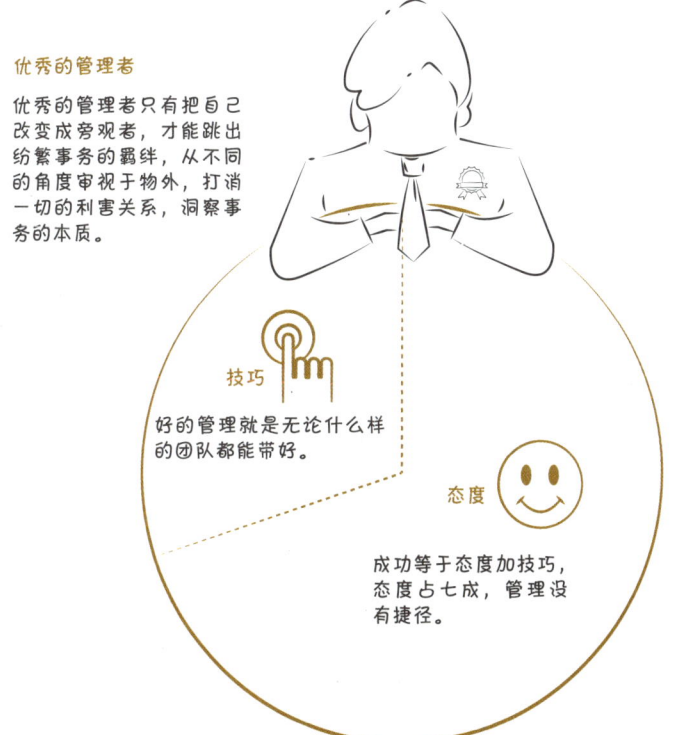

优秀的管理者

优秀的管理者只有把自己改变成旁观者，才能跳出纷繁事务的羁绊，从不同的角度审视于物外，打消一切的利害关系，洞察事务的本质。

技巧

好的管理就是无论什么样的团队都能带好。

态度

成功等于态度加技巧，态度占七成，管理没有捷径。

因为他们的管理更加科学,科学本身就是可控的、便于管理的技术。

现在,我们要谈项目管理,就必须用科学的角度重新定义它的概念。它是需要学习的,需要站在巨人的肩膀上谈及、学习项目管理。这个过程不是项目层面上能够给予的能力,因为它已经超出了项目本身应该具有的能力。作为项目管理团队必须进行项目培训,所培训的不仅仅是管理知识,更多的内容应该是培训项目层面上共识的概念。它不是培养团队怎么去管理项目,而是通过培训达成把项目管好的目标。

项目管理培训是这个管理体系里面的一个重要环节。因为项目本身就是个临时性的组织,当把所有干系人统一在一起的时候,每个人都会不可避免地带着自己的做事方法和流程参与进来。如果在项目管理过程中,不能够把做事流程和管理思路统一起来,那么所有的相关干系人自然会沿着不同的管理方向去做同一件事情,通常会把项目管理变得更加复杂和难以控制。

在这里,我们谈论培训必须包括两个方面内容:一方面,是让所有干系人有更多的交流机会,可以加强团队的情感和共同目标的凝聚力;另一方面是培训技能、管理流程和管理理念,让所有的人在同一个起跑线上做事,依靠同一个流程处理问题,就不容易产生漏项的问题。同时,培训可以让流程更清晰,可以使管理更方便。

不要苛求所有的培训都能让参与者全部接受。人是有思想的，正是不断地有新的思想注入才能推动管理水平的不断提高。但是，有一个目标必须明确——通过培训，必须让所有的人员能遵守同一个标准和流程做事，这是团队存在的基础，否则我们就有理由认为这个团队成员不适合这个团队，或者说这样的培训是失败的培训。

读书体悟

企业文化能够带来价值回报

项目是企业得以生存和发展的重要组成部分,因此,谈论项目管理就不得不去谈论企业文化方面的内容。但是,到底什么样的描述才能够解释清楚企业文化的真正内涵呢?或许很多人并不太了解其中的概念。

我们已经习惯于苦哈哈埋头干工作的状态了,花点功夫去了解自己的企业文化似乎成为一种累赘。在大部分人的眼里,都会把企业文化当成一种高高在上的口号,企业文化被认为是不接地气的技巧而已。这是那些站在一线的从业人员常犯的错误观念:"文化是没有用的,是不能解决问题的,与其花时间去研究文化,不如花点时间去解决几个问题来得实惠"。这个观念的本身就是一个非常大的问题。

企业文化是一个企业里所有员工都要谨守的承诺,是大家做事的基本准则。所有的团队成员能够在一个共同的文化体系中做事情,就能够大大降低沟通成本,更容易把项目做成功。因此,一个没有明确企业文化的公司是不可能走得长久的。一个项目团队不了解自己的企业文化,也不可能把项目带向一个成功的彼岸。

我们经常看到这样的企业，一谈到企业文化，就会列举一大套长篇大论的概念描述，就好像只有自己的企业才是行业中的标杆，是需要被行业膜拜的教主。当然，我们不反对这种尽善尽美的描述，但是，如果所有的概念无法在企业中进行传递和接力下去，无法在团队中形成共识，那都是没有意义的字面上的游戏而已。"大而无当"的描述与"过犹不及"的概念都是在解释同一件事情——什么都想做和什么都没做是同一个概念。长篇大论的企业文化和没有自己的企业文化是同一个阶段，都不能给企业带来更多的活力，不能引领企业向良性的方向发展。

当下，整个社会都处在一个高速运转的时代，一个知识大爆炸的时代，所有的人都愿意投入到这样一个大的环境中去获取知识，丰富自己。所有的知识都是技巧，都是方法，都是能够马上运用到工作中去解决问题，获得回报的。而文化没那么现实，没那么实用，因此，不愿意去学习。

有这样一句话叫"格局有多大，事业就有多大"。或许文化没有知识那么好用，但是，我们永远无法忽视这样的概念"文化是事业的格局，知识只是促成格局的一些技巧，它们处在完全不同的层面上"。因此，了解企业文化的内涵，了解企业文化的内容至关重要。

我们经常混淆知识和文化的概念，认为知识分子就是文化人，这是完全错误的观念。

人类几千年的文化其实都是在培养一种惧怕的心理。所有的宗教几乎都在告诉我们因果的规律，因此，在宗教里才能完成自律；所谓的国学，其实是在灌输一种理论，让人遵守而不逾矩，从而完成整个社会的自律体系；所有对人的教育，都是在教人不敢跨越规矩，从而确保社会的稳定。因此，文化就是一种惧怕的心理，企业文化就是企业不敢跨越的规矩，就是员工不敢跨越的规矩。越简单的规矩，越好实现。

真正的企业文化应该让企业里的人知道怕什么。所谓的怕就是自律，只有自律的本身才能称为文化。

我见过这样的企业文化：1."不糊弄"，其背后的逻辑就是做事不认真就有可能失业，被社会所淘汰。因此，整个团队才能认真做事情。2."有界限无界面"，其背后的逻辑就是结果导向，如果你不去关心别人的事情，就会导致自己承担严重的后果。有了这样的文化才能调动所有人的协作精神，为共同的目标而努力。

企业文化是整个体系得以自行运转的规矩。团队成员在一个共同的价值观体系下做事情，才能获得事半功倍的效果，才能为企业创造更高的价值回报。

找到成为人才的路径

有这样一句话讲的很有道理,"管理者的真正价值不是培养人才,而是选拔人才"。这句话已经完全颠覆了我们传统观念中对管理的理解。

在传统的观念中,上级和下属之间本身就是一种师徒关系。在某种意义上,培养下属已经理所应当地成为管理者的本分。到如今,这种关系似乎已经很难继续维持下去了。大部分行业已经变得越来越复杂,爆发式的信息流转已经完全不是传统观念所能想象得到的。在这个时点,没有人是至高无上的权威。整个时代都在发生着巨大的变革,谁能主动地拥抱它,谁就能够成为这个时代的强者。

在当下,整个社会的人才都在朝着特定的方向聚集起来。于是,人才本身就已经成为整个社会的巨大财富了。在这个时代,管理者如果不能够慧眼识英才,依然采用传统的观念去领导团队,就已经背离了财富聚集的本身了,也必将为项目的失败埋下隐患。同样的,一个从业人员不能把自己变成人才,就有可能连选拔的机会都没有了。

整个社会都在研究人才的选拔机制。但是,到目前为止没有一个统一的方法被确定下来。所有的企业都在沿用自己的选拔方式来选择符合自己文化的人才，很多时候都能获得很好的结果。因为，人才都是相通的，当你阅人无数的时候，就能够很容易地排除外在影响找到他了。当然，从业人员必须找到人才的共同点，努力地朝着这个方向来改变自己，才能在行业竞争中找到自己的立锥之地。

社会上评价人才的标准是非常复杂的，当你深陷其中的时候，很少能够从中找到选拔的方向。那是一个非常大的问题：管理者的真正价值是选拔人才，一旦选错人才将会给项目的成功埋下巨大隐患。

我们经过无数次的交流和碰撞，试图找到一个更加简单的评价方式来评价人才和选拔人才。或许，这些内容不够全面，不够正确，但是，它是一个简化的开始，希望能够作为一个基础信息，供今后进行修正。我们把它们叫作三个基本条件、四个特征和五个要素。

第一,所有的人才必须要具备三个基本条件:善良的心态、忠诚度和学习能力。

第二,对于人才的考评必须具有5种素质:积极、激励、激情、决断力和执行力(积极的态度就是不抱怨的心态、是一种对工作的热情态度;激励要求具有善于帮助他人的能力;激情是善于带动团队的能力;决断力是一种用于担当的能力;执行力是一种重视结果的能力)。

第三,人才的更高层次具有真诚、敏感、爱才和坚韧的弹性素质。

读书体悟

被人尊敬和让人信服同样重要

我们谈及管理，大多时候都是站在管理科学的角度去分析。被称为科学的东西都是逻辑的知识，都是可以被传授的知识。事实上，知识的传授只是近百年来的事情，传统的管理都是没有知识的，却依然取得过骄人的成绩。它进一步说明了一点，没有管理知识一样可以做好管理，有了知识只是简化了管理者的能力而已。

在传统的观念里有这样的一句话"做事就是做人"，赢得别人的尊重是传统的管理之道。这种道理适用过去，它依然适用于现在的管理，而且肯定会变得越来越重要。因为，管理的主体从来没有改变过，但是，交流的通道却变得越来越复杂。用一成不变的知识去管理千变万化的人，本身就是一件困难的事。逻辑是在达成共识的条件下才能够进行的，当人的认可度不在一个平台下的时候，逻辑是根本无法落实下去的。而"做人之道"就是在人的血液里流传下来的东西，赢得别人的尊重，管理科学就能够顺理成章地得以运用。因此，我们才说管理科学是管理的辅助工具，"做事就是做人"才是管理的根本。

作为管理者，必须学会对自己的管理，才能开始管理一个团队。然后才是学习对事的管理，才能把事情做好，这是一个不断推进的过程。这是一个强逻辑的过程。一个优秀的管理者要想管理好自己，必须要有两个过程：第一个过程是被人尊重；第二个过程是让人信服。具有这种素质的人本身就是一个非常优秀的管理者了。

被人尊重，就是管理者应该具有的素质，我们可以从四个方面去培养自己：真诚、敏感、爱才、坚韧的弹性。

第一，真诚。真诚的心待人是一个将心比心的过程。推己要有信用，推他要有信任，这样的过程才能够建立起一个值得信任的团队，一个具有凝聚力的团队。这样的素质是团队管理的最基本素质。有很多管理者自以为聪明，经常以心机待人，最后落得众叛亲离的比比皆是。

第二，敏感。面对事情的变化要有极强的敏感性。这种敏感来自做事用心的态度，来自敏锐的观察力，来自极为广泛的知识，等等。这样的管理者本身就已经成为领域的专家，能够在细微的变化中发现问题的所在。在风险到来之前予以正确的方向指引，最终带领整个团队走向成功的彼岸。

第三，爱才。爱才本身就是一种自信的表现，更是一种胸怀的表现。一个优秀的管理者必须是一个善于发现人才和培养人才的人，能够给团队成员创造更多的展示自我的机会，可以大大提高团队成员的积极性和团队的凝聚力。同时，只有团队快速成长，管理者才能有条件从琐碎的事情当中摆脱出来成为一个真正的掌舵人，同时达到水涨船高，提高整个团队的价值水平。

第四，坚韧的弹性。这个能力是管理者的最高的境界。一个优秀的管理者一定是一个有坚持的人，像一个压舱石一样确保一个团队能够稳稳地前行。过程中一定是有风浪、有颠簸的，同样也有碰焦的风险。管理者一定是一个敢于担当的人，不会推卸责任，同时带领团队突破重围，获得最终的成功。

上面这四种素质是一个优秀的管理者应该具有的素质。当然，仅仅保证自己的强大还不足以能够带好一个团队。要想带好团队还要具有让心信服的能力。

让人信服，就是优秀的管理者应该具有的能力，我们可以用三个词汇来解释：威仪、用人、果断力。

第一，威仪。威仪是一个管理者本身自带的让人信服的能力。这种能力可以是通过管理水平的提高，让团队成员通过科学管理完成目标承诺，然后实现自觉完成的过程。同样，这种威仪也可以通过技术水平的提高来实现价值的认同，它是融入人们血液里的对技术的推崇所带来的信服。这种现象被称为光环效应。这个过程要求管理者把自己培养成为行业的专家，在技术层面上实现导师的角色来管理团队。当然，有些无知的管理者可以通过授权的方式实现自我的权力，表面上看实现了自我价值，其背后隐藏的却是种种不满的情绪，很难实现团队的共融关系，必将造成管理的失败。

第二，用人。"做事就是做人"的管理概念，其实是在强调人才的选拔与培养的重要位置。由于人才的特殊性，每个成员的才能只有在与之相匹配的位置才能发挥最大的作用。所以我们才说，团队本身没有绝对的好坏之分，管理者才是决定团队好坏的关键因素。因此，一个优秀的管理者一定要在人员的选拔上花费足够的精力，使得所有的成员各尽其职，发挥最大的潜能完成任务。这样管理者才能够做到事半而功倍，才能有更多的精力去完成更高的决策。

第三，决断力。决断力是管理者所具有的最重要的能力，它是整个团队的勇气和动力。一个优秀的管理者，不一定了解所有的技术，但是必须具有获得结果的能力，从而能够给出明确的目标来引领团队的方向。这种果断的判断，往往能够给团队带来巨大的精神力量，这种力量就是获得成功的动力。这种能力不是简单的判断的能力，其背后蕴含的是对决策的担当，是真正的领导者。一些做事犹豫不定的管理者，其实是在打消团队的积极性，失去了斗志的团队走向失败也就成了必然的结果。

总之，能够让人信服的这三种能力，是需要一个管理者时刻提醒自己的，它是管理好一个团队所需的最基本的因素，是管理好一个团队的基本能力。

"屁股决定脑袋"在很多年里影响着我们的思维方式。但是，当我们进行反思的时候，不难发现这是一个天大的错误。因为，思维模式是一个长时间的培养过程，而不是随时能够改变的。在项目管理这个行当里，一旦我们获得了这四种素质，掌握了这三种能力，我们就具有了作为管理者的潜质。如果，再有机会掌握了管理科学的知识，一旦进入管理，就能够如鱼得水，做出骄人的成绩。

读书体悟

思维模式下的精细化管理

从事项目管理的工作是需要不断学习的。因为它是一门科学,科学背后的本身融入了大量的经验积累。通过学习,我们就可以站在巨人的肩膀上去做事情,不仅会少走很多的弯路,而且还能够获得更好的结果。但是,当我们真正融入其中的时候,才会发现管理的复杂和体系的庞大——管理是细致入微的,可以说没有真空的管理。

我们依照全项目管理的体系去管理一个项目的时候,经常会有种力不从心的感觉。因为,这个程序的本身会占据我们的大量时间。当我们想把事情做得面面俱到的时候,由于精力有限,总会有些问题游离出自己的视线,超出自己的把控范围。

我们再次进行反思,发现一个重要的问题成为影响我们无法实现理想的关键因素而存在着:管理科学的体系是一个庞大的系统,它不是一个人能够完成的。因此,一个管理者要想真正地管理好一个项目,必须要把所有的团队成员纳入这个体系中,依靠项目管理体系管理项目,才能够获得预期的结果。因此,作为一个项目管理者,其真正的价值不应该是按照管理科学去做事情,而应该是依靠管理科学监控项目的运作,成为整个项目团队的守门员、激励者和推动者。在这个过程中,项目管理者在管理项目的时候应该是有层次、有深度、有节奏的。在保证规避风险的前提下,推动整个项目团队把项目做好。

我们一直强调管理的思维是要有层次的,其目的也就是培养一个管理者剥丝剥茧的能力,抓住管理的重点去做事情。因此,我们才说用一个词来解释管理是"沟通";用两个词来解释管理是"管问题和风险";用三个词来解释管理是"管人、管事、管资源";用九个词来解释是"整合、范围、质量、时间、成本、沟通、采购、人力资源、风险"。思维模式越往下走越能进入到精细化管理的过程;思维越往上走越能够领略到管理的高度。因此,一个管理者要时刻关注自己的精力,随时游走于思维的框架模式之中,才能真正地把项目做好。

我们依靠这样的层次思维去管理项目,越发地感觉到管理的乐趣。它就像一个可以把玩的玩具一样,吸引着者我们去探索新的模式,了解自己在各种层次中转换的乐趣。但是,当我们不断地深入研究管理科学的时候,其实我们又一次落在技术层面了。在这个层面上,我们能够把项目管理得非常好,但是,要想再次超越技术的局限,就变得非常不容易了,必须进入非技术的管理才能看到项目管理真实的一面。因为,我们看到的所有技术方面的东西都是为管理服务的。相反，了解到更多的管理，我们就不会在技术层面上有太多纠结了。这是一个全新的蜕变过程。

知识层面的东西是需要学习的，它是工具，它是渠道。知识层面的东西要运用纯熟，要把它变成自己的逻辑思维模式。然后，管理者必须抛开所有工具，去把控更高的管理价值，才能不被琐事所牵绊，把控更大的格局。

有过这样的一个理论，它把管理项目划分为五个动作。粗看起来，这五个动作似乎和项目管理没有什么关系，但是，当你尝试应用的时候，会发现它时刻都在完成着项目管理，时刻监控着项目管理，时刻都在掌控着项目管理。

这个五个重要动作就是对节奏、价值、风险、毛利率、

管理者的五个动作。

现金流的把控。

  节奏是自然界中最有魅力的一种东西。我们喜欢听流水的韵律，喜欢看山川的峰谷，喜欢想象诗情画意的篇章，这一切都是我们心中最美的东西。有节奏的东西都是最美的，这是自然的道理。好的项目管理也是要有节奏的，好的管理能够在计划中编织出顺滑的音符，能够在实现的过程中张弛有度地运用。这种节奏是在编制计划过程中规划出来的，是需要考虑所有资源之后制定出来的。这种计划的图谱一定是优美的，是相对稳定的，是更宏观的，是更有格局的一种思维状态的表现。

  价值其实就是对工作重点的描述。在实际管理工作中，由于位置和经验的不同，往往无法统一思想来确定哪项工作更重要。就会出现着急的东西但它不重要，眼前重要的东西但是它没有价值，眼前不关注的东西或许正是未来产生价值的核心。花费了大量的时间做了一些不重要的事情，精力花费了很多，但是成就感微乎其微。因此，管理者必须要从所有错综复杂的事情中逃离出来，才能拨云见日，真正地找到自己的方向。掌握了价值，做有价值的东西，就能够找到自己的工作重点，就掌握了成功的方向。

  风险其实是对管控动作的解释。对于有着成熟运作模式的项目，管理者除了要在格局上掌握大的方向以外，监控风险是其最重要的工作内容，因为风险是导致项目失败的重要

因素。换句话说，规避了风险，项目就不会失败。有了这个前提，才有资格谈及项目管理的所有知识，把项目做好，获得最大价值。

毛利率和现金流是项目管理中最重要的内容，因为，没有现金流的管理都是纸上谈兵而已。很多项目管理者在项目管理领域中取得了一些成就之后，就把自己放在高高在上的位置上。认为自己的管理为企业创造了巨大的价值，是企业不可或缺的重要角色。因此，做事情的时候非常高调，完全不把别人放在眼里。但是,如果揭开商业的真容,或许真的要无比羞愧了,因为所有的商业行为都是金钱的游戏而已。在金融这个领域里,任何事件的发生都是金融理财的一种方式。现金用在做实业,或是用来做理财产品上,都是同样的价值。如果项目管理者不能够提供更好的利率,不能够按照资金流转的规律进行管理项目,就有可能像一个被舍弃的理财方式一样被抛弃。在金融面前是没有技术至上的道理的,有的只是资金的管理方式。因此,一个项目管理者要想把项目做好,必须站在毛利率、现金流的角度看待项目,抛开技术的视野再去看待项目就有完全不一样的态度了。

读书体悟

逻辑思维下的点状知识

点状知识是现代人获取知识的最主要的方式，它与整个时代快节奏的生活方式有直接的关系。

快节奏的生活方式造就了知识的产出率以几何速度飞速增长的现实。为了不与时代脱节，获取知识的方式必然需要发生改变才能够不落于人后。获取知识的过程成为一种明显的"填鸭式"的快餐文化。这种文化能够在短时间满足人们对新鲜事物的探求，但是，却不能给人带来更多的回味。大量的知识以点状的方式被串联起来，成为茶余饭后的谈资。当故事褪去，所有的知识就会成为一堆碎片的记忆，再次成为点状知识。这种知识彼此之间没有关联，孤零零地沉淀在头脑深处。

这种点状知识是一个破碎的系统，它的存在甚至没有任何逻辑。它是机械的，是没有生命的。它被摆在那里一动不动，无法自行运转，也无法诞生活力。当人们获取到这些知识，并且依靠这些知识生存的时候，就会成为知识的囚徒。获取得越多，囚禁得就越牢固，直到变得麻木和死板，变得教条而没有生气。

这样的人可以成为一个传话筒，甚至可以成为一个装满知识的"百科全书",可以源源不断地输出"知识"。在不发达的年代,在信息不便利的时代,这样的人被神化了。而现在,一个通信工具就可以打败所有点状知识的大脑。但是,这些知识却很难被运化和加工,成为滋养自己灵性的能量。知识的学习不应该仅仅是用来增长见识的,否则,一个人就会因为敌不过一台通信工具而死去。因此,知识体系必须被改变,学习必须被改变。

在传统的文化体系里,所有的教育都是一个系统工程。人们可以没有更多的信息来源,但是,却可以从些许的经验中挖掘到背后的逻辑。然后,把这仅有的逻辑融入自己的血液中,让它和心灵产生碰撞,产生共识,然后领悟到发生的起点。这个过程是信息运化的过程,要从内心长出见识,才能使自己真正成长。

"五色令人目盲;五音令人耳聋;五味令人口爽……",这是古人留给我们的宝贵财富。其实,整个的教化过程是要求我们不要被眼花缭乱的世界所困扰,不要把自己变成外在世界的一部分。一旦我们成为外在的,我们就会变成死去的灵魂,它与人的成长路径是不一样的方向。

点状的知识是这个时代所需要的,但是,一定不要把它当成重要的知识组成。一旦我们对外在的东西追求得太多,就会变得对自己内在的要求太少。所有的观念都会沉浸在过去的记忆中,就会造成自己无法突破,无法找到真正的自

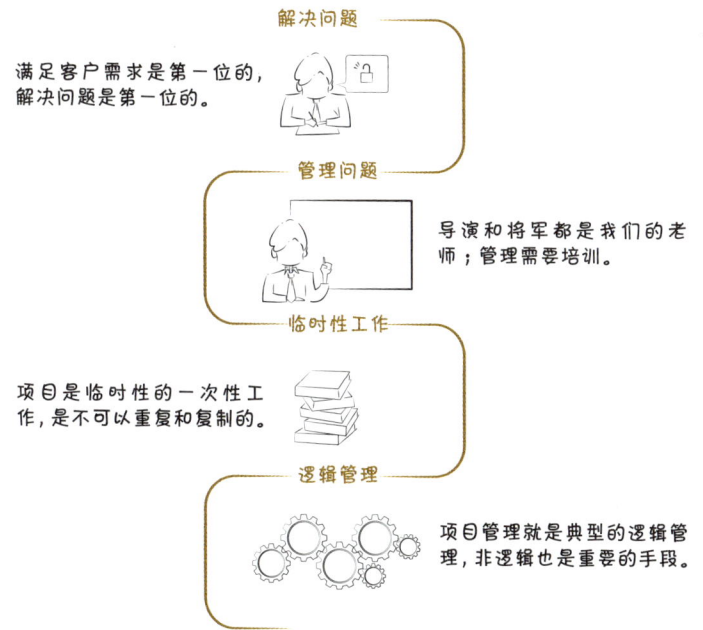

我。

　　对人有意义的知识一定是系统的，本着研究精神去接受信息一定是最重要的。越到复杂的时候，越需要去寻找逻辑，不被外在事物所困扰。一旦掌握了逻辑，就可以抛开所有的点状知识，把自己变成有悟性的，有判断力的。

　　我们讲逻辑，讲原因，讲方法，就是要摒弃死去的生命。我们希望找到背后的原因，那里有体系的搭建，那里蕴含着真正的创新和创造力。

　　点状知识是片面的，唯有把它装到逻辑中去才有意义。

它是一个反复验证的过程，越多地摒弃点状知识，逻辑就会变得越完整。终将有一天，整个逻辑被融入血液里。到了那个阶段，所有的知识都会成为滋养内在的能量，灵感和悟性就会源源不断地发生出来。

> **读书体悟**

第四章

项目管理最重要的工作是管理自己

人生无时无刻不在面对着各种各样的项目，其中最重要的项目就是完成自我管理。只要完成自我管理，其他项目都是副产品，可随时管理好。

极其繁忙的状态不正常

用心做事情就能成为"大师"

自信能够获得成功

思想的高度决定事业的成就

问题即答案，问题即思维

为别人工作是会被社会淘汰的

举一反三的总结才有价值

极其繁忙的状态不正常

管理项目是一项非常辛苦的工作,它需要一个管理者投入足够的细心、用心和决心去做事,才有可能把项目做好。项目管理本身是一项非常复杂的工作,只有那种能够把所有因素掌控在可控范围内的项目管理才能够获得最终的成功。除此以外,哪怕只是一个小小的环节没能关注到,都有可能造成一系列的因素处于失控状态,从而造成整个项目的最终失败。

在这个行业里,能够获得成功的管理者都是非常敬业的。当然,这句话并不是意味着所有的敬业的管理者都能获得成功:有的人通过努力能够获得事半功倍的效果,有的人却只能得到事倍功半的结果。表面上看这两句话只是词汇的位置发生了一点小小的变化,但其背后所诠释的内容却是完全不同的方向。

我们经常会看到这样的一些管理者,只要工作起来就会全身心地投入进去,以至于达到了忘我的地步。他们会把所有的工作内容装配到自己的脑子里,随时随地抽调出所有细枝末节的工作来检查其所处的状态。他们经常会发现执行层面上的工作与自己预期的差别是巨大的，于是便会冲到前线去参与管理，更有甚者甚至会亲自参与到督导一线工作中去。为了控制住整个项目的节奏，他们几乎把自己定格在了通话的状态中，永远都在通话中，以便达到通过电话遥控来控制整个项目运作的目的。这样的管理者是非常努力的，他们的工作也是非常辛苦的，但是结果往往不会太好。这里存在一系列非常明显的误区：他们没有真正管理好一个团队，一个人的战斗本身就在宣布管理能力的问题；他们没有做好一个完整的计划，能够确保整个团队按照一个目标去做事情；他们没有建立一个信息对等的平台，完成团队内部互相激励和把关制度；他们没有建立一个互相信任的信任系统，因此才会随时采用亲自检查和监督的方法监控项目；更重要的是，他们没有建立起一个更好的互动平台，确保所有的问题能够在一个会议上进行解决，从而保证整个项目能够在可控的条件下完成任务等。以上的诸多问题都在说明一件事，如果没有掌握到好的管理方法，再努力的项目管理者都不可能真正地保证一个项目能够获得更好的结果。

一个优秀的管理者一定是那些掌握了管理方法的人。他们能够掌握流程，能够掌握沟通方法。更重要的是，他们能够在办公室搭建出来一个管理模型，确保所有的团队成员充分了解模型的运作过程，并完成多方承诺的管理机制。有了这些机制作为保障，项目团队就能够完成自行运转，并能够顺理成章地实现预期的结果。这样的管理者才能腾出更多的时间来研究前瞻性的工作，通过管理把项目管理得更佳稳定，更加出众，更加被人认可。

我们说"努力没有用，方向才重要"，就是在强调一个概念：管理者必须学会怎么去管理，在这个前提之下的努力才是有价值的。否则，一切的努力都是浪费时间的举动。当然，这样的管理偶尔也会取得些许的成功，那是消耗掉了巨大的时间成本换来的，它的投入产出比是不划算的，不是管理科学想要见到的。我们可以预见到这样的结果，没有体系依托而进行的管理一定隐藏着巨大的风险，一旦爆发出来，它的后果不可想象。

管理知识永远不会是与生俱来的经验，它是无数个前辈总结出来的结果。因此，我们要学习管理，就必须找到管理体系的入口，学习它的理论，然后依靠个人的努力去领悟其背后的逻辑，才能掌握到管理的真谛：用心是基础，努力是条件，学海无涯才是根本。

用心做事情就能成为"大师"

工程管理这个行当是一个相对比较简单的行业,因为,工程项目本身是一个纯逻辑的事情,逻辑性越强的项目越是简单项目。

在这个行当里,只要你按照规矩办事情就不会出现大问题。因此,工程管理本身就是一个实践的过程,当你做过足够的项目,积累了足够的经验和教训之后,你就能够对这个行当了如指掌了。因此,在这个行当里不会有真正的强者,更难有大师级人物的出现。有的只是更多的经验。

整个社会都在发生着重大的变革,信息时代成为社会发展的代名词。各种各样的行业都在拥抱这个时代,享受着信息迭代带来的红利。但是,在过去的很多年里,工程管理这个行当都没有太大的变化,整个行业都在重复地完成着相同的事情,这是一个巨大的问题。

在这个行业里,大部分从业人员都已经适应了重复的习惯,其结果只是在不断加深对全部逻辑的理解而已,不可能产生新的东西。因此,在传统的方式下运行项目,再高级的知识分子所创造的价值不一定会强于最低级的技术人员,只是被人冠以更好听的背景而已。因此，一个初入这个行业的从业人员一定不能小看基层的技术人员，因为他们才是专家。

事实上，无论是技术层面上还是管理层面上，整个行业都在改变，只要我们能够主动去发现它，就能够发现它更多的生命力。总的来说，这样的经验都是可以总结和传授的，它更容易被学习。

大多数的时间里，工程管理这个行当都是按照别人的想法来完成落地的过程，等待别人的想法成为一个主流思想。等待是一个很痛苦的过程，完成落地更是一件辛苦的工作。工程管理这个行业里很难出现大师，设计却能够创造大师。因为，设计是源于心的，是不可复制的。

其实，事实并非如此。

我们见过很多的产品设计非常出色，但是，落地之后的效果却大相径庭。我们也见过一般的产品设计，落地之后却无比惊艳。因为，想是一件事情，实现又是一件事情……

我们见过很多的大师级人物，他们是真正的实践主义者。他们是设计出身，却在工程管理领域崭露头角。于是他们再次回到设计时，他们就成了大师：他们知道是怎么做的、怎么想的、怎么实现的。

工程管理这个行业不应该是一直被动的，它应该主动去拥抱设计。换一种思路，换一种角度，换一种心态去管理，就会有不同的结果。当工程管理选择了研发的视角，当把工程和研发整合起来，它所创造的不仅仅是大师，它所创造的更应该是传奇……

永远不要小看最简单的管理，只要能够从心出发去做事，所创造的就不仅仅是产品，它是作品、是心、更是在实现自我的价值。

读书体悟

自信能够获得成功

在这个相对平等和公开的教育体系里，我们相信，所有人的知识水平都不会有太大的差别。尤其是很多人以同学的身份出场的时候，在经过几年的历练之后，却会得到完全不同的结果。在很长的一段时间里，人们都会以能力的差别来加以定义。但是，用提高自身的能力来改变自身的发展途径是非常困难的，因为，能力是一个非常宽泛的概念。它不是一个具体的事情，无法进行具体的提高。因此，这样的定义不能够为发展路径上的困惑者给予明确方向，它是没有意义的概念。

影响事业发展的途径一定是有原因的。我们经历过一些成功者的发展轨迹，观察过一些成功者的独特魅力，同样听说过一夜获得成功的故事情节。这些人都出身于团队，但是，不同之处在于更早地通过自我表现的形式让更多的人员认识。他们不一定有过人的才能，却敢于自信地表达自我的态度。他们没有足够的阅历却敢于担当起艰巨的任务。在责任面前，他们敢于自省；在荣誉面前，他们退而不争；在沟通当中更加表现出平等而淡定的性格特征。以上这些是大部分优秀的管理者所具有的特质。但是，我们没有从这些特质中找到知识水平的差别，没有看到技术能力的差别，有的都是自信而淡定的人格魅力。

人才之间的一个最大差别就是自信的差别。自信的这种特质是与生俱来的，我们常说的"初生牛犊不怕虎"就是这个道理。然而，由于文化教育和生活环境等诸多原因，使得"谦虚"的美德在心理成长。这是在传统文化里建造起来的思维方式，它要求安于本分地做事，要在漫长的时间中得到认可。这种思维体系适合慢节奏的生活方式，它是一个等待的过程。但是，在现在这个快节奏的时代里，在大浪淘沙一样快速的洗涤过程中，机会只是转瞬之间的事情。因此，每个人必须有充分的自信，敢于快速地表现自己，才能够迅速脱颖而出，提早地确立起自己的位置。否则，就像大多数人一样，很快就会淹没在人群之中了。

重新找回自信是管理科学的重要课题，更是重新实现自我价值急需要解决的问题。既然要找到失去的东西，就必须去学习寻找的方法。这些个方法必须具有两个特质：第一，必须要知道怎么去实现；第二，要知道怎么能够从心里发生改变。做到这两点，其实就是在重新塑造自我的过程。

"相由心生，心随相转"，这句话在管理学中其实是在告诉我们完成自我修炼的两个途径。

第一，相由心生（自我认定）

1. 暗示。万法由心造，必须从内心里真正跨越这个瓶颈，建立真正的自信心。这里存在很多学习体系，如暗示学、催眠学、潜能开发、宗教体系的放下执着等，这一切的体系其实都是从内心里传递正能量。通过反复地告诉自己正向能量，实现自信。自信的本身就是传递能量波的过程，建立更大的气场来获得更多的尊重。

2. 重塑场景。头脑中构建模拟场景，通过反复地训练，在内心世界建立起自信的原动力。这种场景的构建，可以在之前完成场景受控，从而建立自信心，其实也是对自己的反复暗示和催眠。

第二，心随相转

1. 控制情绪的外在表现。心随相转是在描述作用与反作用的关系。内心的很多变化通常会在肢体上得以表现，这种幅度表现得越明显，内心的变化也就越无法控制。相反，在我们内心无常变化时，我们通过控制身体的稳定，反过来影响内心世界也是可以的。有人紧张的时候就会两腿颤抖，通过弹跳、静坐、察觉等方式来控制双腿的抖动，内心也会平静很多。这就是宗教的禅纳和觉知能够成为信仰的原因。

2. 向自己的偶像学习。多去观察那些自信满满的成功人士，观察他们的言谈举止。你会进一步理解心随相转的概念。你得尽量模仿每一个细节，并做到惟妙惟肖。当你做到分毫不差的生理状态后，你的脑子所得到的讯号就会跟那些人的脑子所得的讯号相同，你就能感受到和他们相同的感觉。这时，你很可能在脑海里浮现和他们相同的图像，心理和他们有相同的想法。这也就是观人学、相术等存在的道理。面容是持久的表情，表情是瞬间的面容，改变外形就是改变内心的开始。

自信是与生俱来的能力，没有能力储备的自信就是狂妄。就跟所有宗教都在寻求真理一样，没有开悟的智慧都是邪见。因此，不断增加学习能力是人存在的使命。

对于个体而言，除了拥有自信以外，不可能再拥有别的什么了，不要压抑自己就能找回自信。

读书体悟

思想的高度决定事业的成就

事情到底该怎么做？我们应该怀着何种心态去把事情做完？是一件非常值得深入思考的事情。

我们经常看到一些从业人员，一心扑在事业上。表面上看，他们每天都是忙忙碌碌，有做不完的工作在等待他们去解决。但是，当我们跳出当下的场景去评估全过程的绩效时，就会发现一个非常不一样的现象：这种人，表面看总是非常的忙碌，似乎天大的事情都被一个人做完了。但是，当我们客观地评估时，又会发现他们的绩效往往不会太高，甚至低于平均水平。我们不得不去承认他们的做事方法一定存在严重的问题。

我们常说：做事本身不重要，做事的方法才是最关键的，这是两个完全不一样的层面。做事的过程是机械的，是最简单的，是可以不用头脑的。而想好怎么做才是重要的环节，它是发于内心的，是有思想的。我们说思想的高度决定事业的成就，就是在强调用心做事情的重要性。

做好一件事情的成本是巨大的，必须用内心的全部去把事情做好才对得起自己的人生。很多人都不理解这个逻辑。

表面上看，从事工作而获得收入是一件非常简单的事情，也是理所当然的事情。实际上并非如此。从事工作所付出的不仅仅是劳动、努力而已，那是用生命在拼搏的过程。人的生命是非常有限的，我们做完一个项目都会需要一两年的时间，意味着一辈子也就能够完成 20 多个大项目，也就意味着只能够获得 20 多次真正的成长而已。

当我们在用体力完成一个项目的时候，我们的头脑是停止生长的，是停止进化的。当我们在新的项目里必然需要重复先前的所有过程，于是，似乎整个生命变得乏味而无意义。更重要的是，所有的人都在用头脑做事情，所有的人都在成长，而我们仍然重复过去的动作。

我们已经老去，年轻已经过去了……

用生命的代价获取金钱是最低级的，因为我们永远不知道我们下一刻的生命到底还能有多大价值。相反，我们要是能够使自己的生命变得时刻都有价值，成长的过程就完全不一样了。当我们用心做事情的时候，我们就会变得唯一而不可取代，那才是生命真正能够赋予的财富。当我们真正学会运用头脑的那一刻，我们才能学会放下头脑，那才是生命真正的开始，才是创新的开始。放下头脑，我们才能够从心底出发。用心做事情，那里才能有真正的光芒。人生就是一次修行的过程，唯有做事情才是修行的开始。

怀着善良的心去做事情，我们才能够活得开心；用头脑做事情，我们才能够找到自己的方向。在做事中学习，在学习中成长，在成长中老去，在老去中寻找安宁，那里才能够找到真正宁静而安详的时光……

读书体悟

问题即答案,问题即思维

学习的过程是一个贯穿于整个生命周期的活动,这一点是通过我们的教育体系深深埋藏在我们深层意识里的观念。我们已经习惯了这一观念的不断重复描述,以至于我们以为自己已经完全了解并接受了这个事实。事实上,我们中的大多数人都只是在被动的学习着。被动的学习把我们培养成为"知识的""头脑的"和"记忆的"记录者,使我们成为过去的一部分而存活下来。这个过程无法使我们成为真正的主体。当我们从知识的获取中跳出知识时,我们变成"知道的""有悟性的""感知的",变成更加鲜活的生命。

大部分被动的学习是通过视觉和听觉来实现的,这种知识的获取方式最简单,也最容易被接受。只要我们不断地重复这样的过程,那种知识就会成为记忆而存留下来。这种知识是可以不用心的,甚至连头脑都可以不用。世界上很多人知识的获得都是通过这种方式。他们同样可以侃侃而谈,但是,他们很难有创造性和新的突破。这种知识传递的本身就是一次又一次的复制过程。

学习的过程不应该是被动的。被动的学习是一种本能,是为了适应生存环境而采取的应对策略。真正的学习应该是主动的，是为了探究某种知识而采取的深入研究的过程。这个过程是对知识背后的逻辑挖掘、探索和梳理的过程，它是非常艰辛的。通过这个过程，我们不仅可以对知识做到举一反三，真正了解这个世界。更重要的是，这个过程能够给我们的生命带来更加鲜活的、更加有味道的体验。

主动学习的行为所描述的是一种做事的态度，是一种对未知世界的探索过程。这种知识获取的原动力来自对被动知识的怀疑，产生对被动学习所获取的知识的探索过程。这种过程的学习一定不是对现象的记忆，因此，这种知识一定不是表面的、泛泛的。一旦具有了这种知识就能够让自己产生智慧，能够让自己坦诚和淡定地完成自己的事业。

主动学习获取知识的途径有很多种。有一大部分的知识来自书籍，来自对前人的经验和教训的梳理的过程。通过系统地研究前人的经验，就可以搭建一个系统而清晰的思维模型。它所带来的是一种创新的动力，提供了一种成功的模型，不拘泥于表面现象的意识。主动学习获取知识的另一种途径是对系统知识的创新过程，这种知识是无中生有的。我们把它们叫作发明、发现，是主动学习的最高境界。无论哪一种学习的途径，只要足够用心，都能够使自己成为行业的高地。

知识的海洋是巨大的，要想在某一个领域内成为专家是不容易的事情。很多人面对知识的广阔而产生畏惧，那是完全没有必要担心的事情。所谓的主动学习从来不是强调要成为行业高地的过程，它所强调的是一种做事态度，一种研究精神。换句话说，任何领域里都不缺少高地，对于个人而言，所缺少的是碰触到高地，使自己站在巨人肩膀上做事的机会。

很多时候，我们根本不需要对事情研究得有多深，那都是专业人员需要做的事情。对于我们的从业人员而言，只要培养自己的研究精神，对问题的发生有找到答案的决心，就能够有机会碰触到高地，就能够获得更快、更好地把事情做完的能力，这一点就已经足够了。我们把这种能力叫作实践的能力，是从业必须具有能力。

"问题即答案，问题即思维"，思维模式的改变才是改变的开始。研究精神就是一种行为方式，一种做事态度，更是一种具有强大生命力获得知识的方法。

读书体悟

为别人工作是会被社会淘汰的

项目团队是一个临时性的组织，它会随着项目的进程而进行重新组合。因此，每一个团队成员都会带着标签参加到新组建的团队中去。这个重新组建的过程，意味着每一个成员都会以同等的机会在新的团队中得以亮相。因此，任何一个成员都不应该仅仅把眼界放在当下的场景之内，而应该要把当下的场景作为自己成长的机会，使自己得以锻炼。只有这样，一个成员才能够在下一次的组合中寻找到更高级的台阶，这样的过程才是有利于人生规划的路径。因此，任何人在从事本职工作的时候，都应该要认真地考虑好自己的人生定位，考虑好自己应该如何面对当下的工作。

做事、做市和做势，这三个词汇其实就是在告诉我们一个非常清晰的做事方法。这是一个通过思维不断深入的变革，塑造一个更加强大的自我的过程。

做事的概念指的就是我们传统概念中做事本身的过程。利用我们的聪明才干把事情做好，这是一个完全的技术范畴。它是事业的基石，也是所有从业生涯的起点。有了这种能力，才可能在这个可控的领域里找到自己的生存空间，在这个空间里最大地发挥自己的才能。在能力可控的范围内，给自己留出更多的时间去思考，使自己尽快地步入做市的阶段。

做市的概念指的是市场化的管理思维。它不同于做事情，而是超越了做事情的层面。它需要投入更多的思想去考虑如何把事情做好，如何更加简单而可靠地进行执行。这个执行过程可以转化为清晰的指导过程，它进一步深入，就可以转变为流程管理、制度管理的雏形。这个过程就是把自己由一个技术层面的人才转变成为管理型人才的过程，它是人生轨迹一次重大变革的过程。

通过技术进入管理，通过管理的深入，再次看清楚技术层面的高度，就能够很容易地成为这个领域的佼佼者。到达了这个阶段，你就能够游刃有余地处理好这个领域的工作了。于是，新的阶段必须被推介出来，那就是做势的阶段。

做势的本身含义是指制作势力的影响范围，或者说是使自己具有更高的影响力。这个过程也被称为自我实现的过程。到了这个过程的时候，人生的价值才能够更清晰地显现出来。我们说，这时候的人生不是为别人活着，而是为自己活着。

我们看到过，也曾经历过很多的管理者，在其事业达到顶峰的时候，突然从我们的视线内消失了。有很多人不理解，甚至感到迷茫。其实，他们并不是离开，而是去完成"自我实现"的过程。或许有一天，他们会以一个全新的身份被大家所熟知。

举一反三的总结才有价值

项目的简单定义是有开始时间和结束时间的临时性工作。因此,项目的本身必然存在着诸多的不确定性,或者说,永远不会存在两个完全一样的项目。

在这个行业里根本就不存在大师级人物,每一个人都只是处在成长的路上。虽然如此,我们却不能回避掉组织成熟度的概念。无论项目管理的变化有多大的差别,只要我们曾经做过一个类似的项目,我们都会在项目管理过程中有所成长。理论上,我们用心做完一个项目都会提高近乎 30% 的成长能力。也就是说,我们做的项目越多,所获得的经验也就越丰富。

这种成长的差别有着非常明显的不同,由于每个人对项目的理解和对项目的付出不同,做完同一个项目的成长能力也存在非常大的差别。因此,我们不断强调工作总结的概念,希望通过分享和反思的过程实现整体管理水平的提高。这一个过程,听起来是非常有道理的。但是,在项目管理过程中,这个过程的运用是非常不到位的。

很多时候,项目复盘的过程并不能得到项目层面上的重视。这个过程在项目型管理团队和强矩阵型管理团队中会表现出非常明显的差别。

对于一个强项目型的团队而言,从项目开始到项目结束是一个线性成长的过程,项目结束就意味着整个团队也就离开了。因此,培养团队的整体水平是没有意义的,因为,后续的能力已经无法给项目本身带来价值了。对于强项目团队而言,选择一个好的管理人员远比培养一个精英的管理人才要有价值得多。

对于一个强矩阵型的项目管理团队而言,项目复盘的能力就变得非常重要了。这种组织性结构本身就是用来培养团队价值的,它是通过职能部门的力量拉动所有项目团队的管理能力,从而培养出强有力的管理人才。因此,这样的组织本身鼓励不断地进行工作总结和经验分享,让所有的人都能够完成快速成长的过程。

对于我们而言,进入强矩阵型的项目团队中协作是非常幸运的。一个强大的组织结构成为背后的支撑力量,能够在很短的时间内让我们迅速地成长和崛起。但是,进入另一种形式的团队就没有那么幸运了。我们必须具有更多的敏锐度和观察能力,还要能够掌握深入的总结和复盘的能力,才会获得自身的迅速成长。当然,只要我们有足够的能力和钻研能力,并且足够用心,这种成长速度也是惊人的。

组织能力可以培养出人才,但是培养不了专家,原因就在于总结和复盘能力的巨大差别。我们经常翻阅大量的工作总结的文件，也会有机会参加各种各样的总结大会和分享议题。有时候，我们也会感觉信息量非常的大，有时候又会觉者时间非常的冗长，因为我们看到很多的总结大会都成了情景回放，里面掺杂着大量故事情节和情感方面的内容。虽然，有些故事能够带来些许的惊喜。但是，大部分的工作总结和复盘都会变得平淡而无味，成为茶余饭后的谈资而已。

我们分析了一些不错的总结文章，发现他们都会具有非常明确的特点——具有极强的逻辑性。这种总结很少会把故事和案例作为主要的内容，相反，它会更注重事情的成因和背后的逻辑。这样的结果更多的是培养团队的判断能力和思维能力，理解做事的方法，这样的总结能够实现举一反三，能够带来真正的成长。

这样的总结是不以案例为主导的，它的语言是极其精炼的，内容是非常明确的。它会体现出数据和图表，能够用来统计和分析背后的逻辑。这样的总结是具有明确的框架性的，确保每次总结性的文章都能够按照框架延续下来，当内容不断丰富起来，就可以通过部门的力量进行系统的分析和整理，寻找出更简单、直接的原因，然后找到最简单、直接的解决问题的方法。

好的总结，不应该是固化的，更不是告诉别人应该怎么去完成的，它应该具有多种可能，给人留有更多的创新的机会。在创新中寻求发展才是工作总结的真正意义所在。

第五章

项目管理就是管理好相关干系人把事情做好

项目管理者的目的就是整合资源做事情。他不是技术的操作者,而是技术的管理者,在项目的角色中承担 80% 的责任。通过建立体系发挥团队最大能量是每一个管理者要做的事情。

管理团队的水平决定着项目呈现的高下

"铁打的营盘流水的兵"不是最好的管理模型

"信息不对等"的问题必须解决

领导能力不同于管理知识

简单的管理手段需要复杂的知识来支撑

管理方法必须与管理阶段相匹配

改变必须是破坏性的,甚至是颠覆性的

项目管理就是管理好相关干系人把事情做好

管理团队的水平决定着项目呈现的高下

行业的发展和整体水平的提高需要行业之间不断地学习和借鉴，只有提高了行业的整体素质，我们才能精益求精，做出更好的作品。但是，我们每次去考察一个新项目的时候，大家总会把精力点放在质量好不好、效果好不好。实际上，这些都是表面的现象，其背后的根本逻辑和原因是团队管理水平的提高。所有结果的落地都是由人做出来的，再好的想法，如果没有强有力的管理作为支撑，都不可能实现一个所想即所得的结果。

我们在和很多项目团队交流的时候，会发现一个特别有意思的问题，一个项目落地比较好的团队，他们的凝聚力和彼此认可度会非常高。相反，一个项目做得不好的团队，其内部的矛盾和问题就会非常多。所以，我更加相信，项目做得好不好跟团队的管理水平有着至关重要的关系。

这个结果告诉我们一个非常不同的概念：在我们以往的经验中，我们总希望在团队中匹配技术水平高的人员，希望通过技术人员的技术水平把项目做好。但是，事实恰恰相反，我们发现很多做得好的项目团队都不一定有技术水平非常高的专业人员，但是，团队之间的信任、协作和团队凝聚力都非常突出。我们更加确信这句话：项目管理是一个非常复杂的活动，它需要更多的人员在一起配合才能把事情做好，而不是某一个个体所能够决定的。因此，我们会更加强调团队管理的能力。

我跟一些项目经理聊天，从他们的口中往往会得到非常不一样的结果，经常会说某某人技术能力不行；某某人没有责任心；某某事我安排了，就是没人落实等等。最后会落到这个团队不行，自由散漫，没法管……在整个管理过程中有这样一个观念："问题的出现，管理者要担当80%的责任，所有团队人员只占20%的责任。"换句话说，项目管不好，不要抱怨团队不行，那是管理者不行。

在整个管理过程中，团队自身没有好坏之分，只有和团队管理所处的阶段匹配和不匹配的区别：刚组建的团队，还没有做到团队成熟的情况下，你就按照成熟的团队模式去管理，肯定会出现问题；一个已经非常成熟的团队，却按照刚组建团队的模式去管理，那也会造成团队管理的问题。我们需要进一步了解团队管理的过程，非常重要。

团队的成长，大体上分为三个阶段：组建团队期，建设团队期和管理团队期。根据团队所处的阶段不同，需要用不同的管理方式去管理才能达到匹配的目的。

一个项目成员在进入新组建的团队里时，他的内心一定会发生四次波动,才能最终融入或离开这个团队。这个过程有时会非常漫长,如果不能进行很好地引导,必然会造成团队的不和谐、不成熟。这个过程可以简单地用四个字来概括:同、比、背、融。这个过程可以这么理解:

第一个阶段,一个成员加入团队时,大多数原因是团队具有某种吸引力。因此,在这个这段的成员对团队的认可度都是非常高,做事谨慎,同时怀揣虚心学习的态度和展现自我的机会,基本上能够按照团队的管理模型达成目标。这个阶段,我们把它叫作认同阶段,是团队最好管理的阶段。

第二个阶段,人都是有思想的,每个成员在加入团队的时候却都是带着自己过去的经验和看法来融入团队。由于工作环境的不同,团队的做事方法的区别,必然会与原有的经验发生冲突。当管理方法发生变化的时候,团队成员就会主动地对比自己以往的经验和现在这个团队管理方式的差别,会自然而然地对其进行优劣的判断和评价。这时候的判断大多是片面的想法,因为还没有把这个行动融入整个运作系统中,就会变成盲人摸象,不能了解全貌。但是,作为一个观念系统的人而言,这时候的内心波动是必然存在的。这个阶段叫作比较阶段或波动阶段,是管理成熟度的开始,也是成员可能离开团队的开始。这个阶段需要有一个导师级的方式进行培训,灌输完全不一样的观念来展现出管理的全貌,从而达到加深理解的目的。

第三个阶段是比较阶段的延续，内心的纠结和斗争也在这个阶段达到了最激烈的程度，这个阶段会对新的管理团队产生从认同到不认同再到认同的反复过程。这个时候，如果不能对团队成员进行很好的引导和梳理，他的认知很快就会完全融入过去的经验和认知中。于是，两种完全不同的观念迅速发生碰撞，团队的矛盾愈加激烈。这里面就需要强调一个概念：人的个体到底是谁？如果我们能够认同"人的个体就是观念系统"这个概念，那就不难理解——当观念的认同感发生在完全不同层面上的时候，团队成员的背叛、背离和离开团队是一件理所应当的事情。当然，如果这个阶段能够被很好地引导和梳理，其结果就会是个完全不同的方向。这个阶段我们统称为背叛阶段，是整个团队管理风险最大的阶段。

第四个阶段的到来对一个团队管理来说是一件非常值得庆幸的事情。经过前面三个阶段的磨合、梳理和引导，如果这个成员仍然能够留下来，必然是对团队文化完全认可，并且能够融入其中。这样的成员是值得信任和放心的，是能够委以重任的、能够把事情做好的。如果团队成员都能进入到这个阶段，这样的团队就是一个不能被打败的团队。这样的团队，我们可以把它叫作成熟的团队，这样的阶段，我们把它叫作融合的阶段。

一个团队的成员加入新团队的时候，他的内心会发生四次波动，才能最终融入团队中。与之相对应的管理者，在应对团队成员心理波动的同时也需要采用四种管理方式进行匹配。也就是说，在团队成员处于不同管理阶段的时候，采用与之相匹配的管理方式，才能做到高效的团队管理。

管理团队成员的四个管理阶段是：导师、教练、支持、授权，这是建立成熟的管理团队必须要经历的路径。表面上

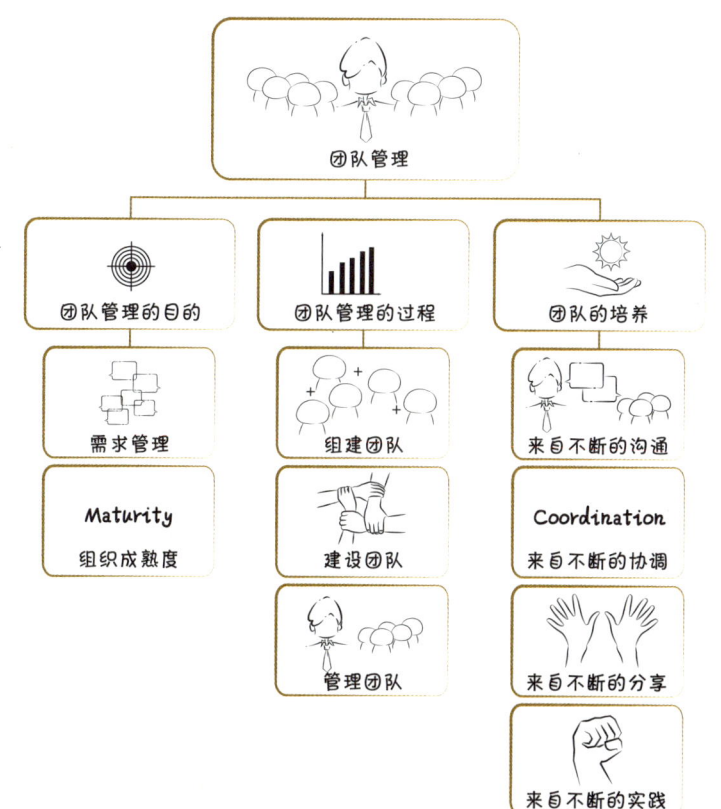

看,这是管理团队成员的方式,但其背后的逻辑是完成团队成员彼此信任的一个路径。

第一个阶段是导师阶段。一个团队成员刚刚加入新的团队组织,此时他对团队的认可度是非常高的,非常有激情的。但是,他的过去的所有想法和管理模型,不一定适合新的团队管理方式。因此,在这个阶段,优秀的管理者应该像一个老师一样,谆谆教导,甚至是手把手去带领成员完成新的任务。这个动作是最有效地传授新的管理方式和管理流程的过程。因为,在这个阶段,新加入团的成员对新管理方式的认可度是非常高的,只要我们用心带领他按照新的管理方式去完成几个成功的项目,他会从心底里对新的方式进行认可,并会更加主动地抛弃以往的错误观念,主动地学习和融入新的团队之中。

第二个阶段是教练阶段。这个阶段与导师的阶段所不同的是,他更加放权。他允许新的成员开始自行完成新的任务。但是,管理者会经常充当站在旁边观看的角色,一旦有问题发生会主动帮助成员完成纠错。对于新的成员来说,这个过程是在不断地学习、实践、探索、融入团队的过程。

第三个过程是团队支持的过程。在这个过程中,管理者会更加放权,以至于退居幕后,不再参加管理。但是,他的最主要的工作是作为一个智库资源,只有在团队管理过程中遇到困难的时候,管理者才会出面解决问题。这个阶段的管理者更像一个风险预控系统，或者是风险规避系统。这样的团队已经是一个非常成熟的团队、非常有战斗力的团队。

团队管理的第四个阶段叫授权阶段。当团队管理达到授权阶段，这个阶段是团队管理的更高模式。这是一个完全能够被信任的团队，能够自行解决所有问题的团队。这时候，管理者只要对他设定目标，就可以等待完美的结果了。到达这个层级的时候，团队就会具有更高的发展路径，它可以成为一个项目集，甚至单独成立分公司了。

我们讲到团队成员在融入团的时候需要经历四个路径，同样地，一个管理者在管理成员，使其融入这个团队也需要四个路径，最终完成团队成员的管理。下一个阶段，我们才开始真正团队管理的过程。那就是：建班子，定战略，带队伍。这一个过程是非常复杂的过程，也是项目管理的全部内容。在这里，我们只把它的概念列出来。具体内容我们会在本书的全部篇幅中去串联和讲解。

总的来说。项目管理最核心的内容就是团队管理，它不是一个人去解决问题，而是一个组织、一个团队密切合作的结果。在这里，我必须强调几个观念。

1. 团队里有100个精英，或许只能干100件事。但是，如果把这100个精英结合起来，互相补位，就能够形成更大的格局，做一个更大的事业。

2. 一个凝聚力比较强而且稳定的团队，团队的能力会以每年 30% 的速度增长。而一个不断重组、散漫和成员流失的团队,它的团队能力是不断下降的,会给公司带来更大的风险。

3. 团队管理的最大问题是信息不对等,彼此之间,没有安全感和信任感。对于管理者而言,最大的问题是没有信息反馈,最大的困难是没有工作目标。

4. 最好的团队是彼此信任的、有责任感的、有主人翁精神的团队,这样的团队才能积极主动地把事情做好。

读书体悟

"铁打的营盘流水的兵"不是最好的管理模型

"铁打的营盘流水的兵",在很长的一段时间里,这个口号一直被认为是一个最好的管理模型,它所强调的重点是体系建设的重要作用。

一个好的管理模型,是能够确保任何一个人员在加入体系中的时候,都能够马上融入体系中,并能够自行完成匹配的工作,其背后的重要支撑是流程管理的清晰和完整解决方案的储备。

好的组织结构能够像铁打的营盘一样坚固而稳定,它所代表的是一种企业文化,是那种不忘初心的力量。这样的组织结构运营得越长久,它所沉淀下来的经验越丰厚。当所有的经验积累被梳理和完善之后,就成为企业完善的流程和管理制度。可以确定,一个新的团队成员在加入这个团队之后,就可以站在前人的肩膀上继续前行,不会走错方向,而且能够很容易获得成功。这是一个非常好的管理模型。但是,当我们把这个管理模型应用到实际的管理过程中的时候,我们却不能片面地看待这个概念:世界上从来没有完全绝对的观念,所有的观念都是辩证的,都是变化的。我们必须不断地跳出固有的观念，才能找到真正正确的方向。

很多企业，在建立完善的管理流程以后，便把团队成员变成了一部机器，被牢牢地锁在整个流程的生产线上。表面上看，只要按流程做事就不会出现大问题。但是，从长久来看，它把团队成员训练得更加懒惰，没有朝气，没有创新的动力，这也正是很多大型企业走向灭亡的真正原因。因此，如何平衡流程和创新的观念就变得非常重要了。

铁打的营盘流水的兵是一个非常重要的概念。原则上，所有的团队成员必须依靠同一个流程做事情，才可能大大提高团队成员的工作效率。但是，事实上，从来没有哪个团队的管理流程是绝对正确的，所有的项目团队都在不断地调整自己的管理方法，都在试图找到适合自己的管理思路进行优化管理。其背后真正的推动力量其实是团队成员自己而已。

大部分管理者都希望看到团队成员能够和谐相处，按照流程做事情，看起来是一个非常有凝聚力的团队。他们不希望团队里有不和谐的因素而存在，认为那是扰乱团队凝聚力的重要因素，必须要经过洗礼和淘汰。可以想象，这样的团队很快就会变成死气沉沉，很难创造出惊艳的亮点出来。

"鲶鱼效应"正是在阐述一个焕发生命力的方法。一个团队必须能够容忍和创造出一些不和谐的声音，它能够暴露出团队的问题。只要应用的得当，他就能够让团队自身由内而外地碰撞出火花，让团队不断地焕发出新的生命力，从而

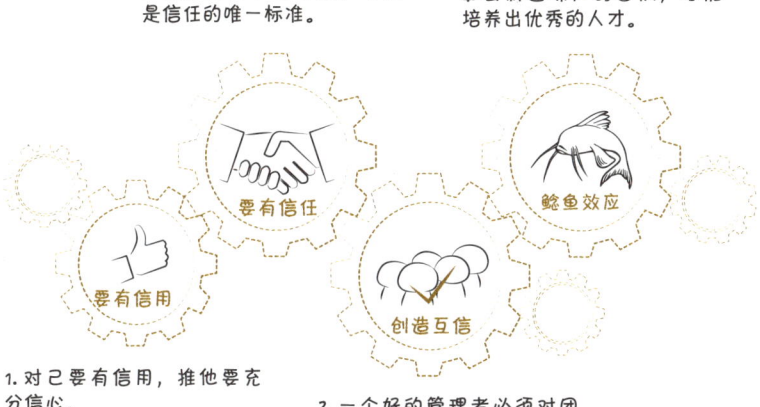

1. 对己要有信用,推他要充分信心。
2. 信任是管理的前提,可控是信任的唯一标准。
3. 一个好的管理者必须对团队充分信任,不被信任的选手要坚决剔除。
4. 会制造噪声的团队,才能培养出优秀的人才。

促进整个团队的进步和发展。

允许矛盾的存在是先进团队的必要条件,适当地创造出不和谐的声音,就相当于给团队输入营养,加速团队完成自我进化的过程。

读书体悟

项目管理的框架思维

"信息不对等"的问题必须解决

对于企业管理者而言,要想真正了解项目存在的情况,就必须寻找到信息获得的真实通道,掌握避免信息丢失和信息不对等的方法去获取真实的信息,否则就无法看到项目的真实面貌。

项目管理是一个复杂多变的过程,高高在上、不接地气的管理,必然会在其背后隐藏巨大的风险。因此,企业管理者要想管理项目,除了要听取项目管理者的意见以外,还要多听基层管理者的意见,多听技术人员的反馈,关注基层人员的想法,才能全面了解整个项目的全貌。

大多数项目管理者都不是技术精英,因为项目管理本身就是一个资源整合的过程,派发任务才是项目管理者的主要工作,落地执行往往是不参与的。而基层工作者是亲历参与者,他对整个落地的过程非常了解。因此,多听基层人员的意见,才能够发现项目落地的真正逻辑,能够发现和解决项目存在的真正问题。

单方面倾听项目管理者的意见,就会发现大多数都是报喜不报忧的,这个不是偶发的问题,而是必然的结果:报喜才能体现管理者的能力,报忧会在某种程度上体现管理的失误,这是多数项目管理者不可接受的。

　　对于一个综合能力比较强的项目管理者,这是一件可喜的事情。他能够通过自身的管理解决所有问题,能够给企业带来更小的管理成本和更多的利润价值,更能为企业培养人才。

　　一个能力相对比较弱势的管理者采用报喜不报忧的管理方式,其负面风险也是巨大的。风险永远是一个不断积累的过程,越在前端风险越小,越到末端风险越大。如果企业管理者不能够在前端发现风险的存在,等到后期风险主动发生

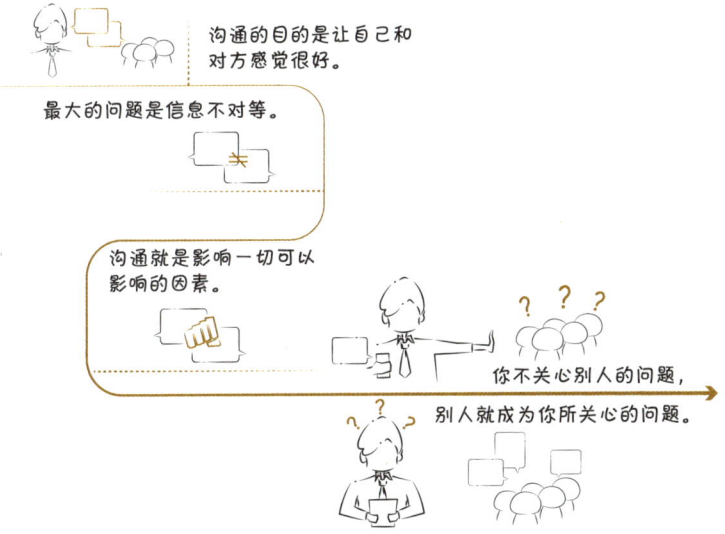

的时候，往往都会带来巨大损失，甚至造成整个项目的彻底失败。

人才是最不可控的，作为一个优秀的企业管理者必须从制度和方法上协助项目管理者发现风险和解决风险，使得所有项目平衡发展才是企业管理者所必须要做的事情——"铁打的营盘流水的兵"就是这个道理。

要想从企业层面上管理好项目，就必须发现和使用好信息获取的通道。信息越真实，越能够掌控好项目，越能够做到所有的项目都能够均衡和良好地发展。这才是企业得以生存和发展的根本。

信息获取系统很重要，信息分析系统更重要：

1. 项目管理者在整个项目中担当重要的角色，在整个项目成败中承担着80%的责任，因此80%要听取他的反馈；

2. 基层管理者及技术人员在整个项目成败中担当20%的责任，但是却承担着80%的工作，因此他们对落地的问题和效果更了解，更能够准确地反应现场存在的问题和风险预警；

3. 必须要有一个技术部门来评估多方参与者汇集的信息，要对项目管理者的问题进行评估，更要对基层管理者和技术人员的信息进行分解和统计，要对反馈的意见敏感，才能够避免千里之堤溃于蚁穴。

好的管理必须是信息对等的过程，如何更好地打开信息通道，是值得所有管理者思考的问题。

领导能力不同于管理知识

管理本身是一门科学,是一种方法。能够被称为科学的东西都是从实践中总结出来的经验,是经过反复论证和实践出来的真理,是人类智慧的结晶。

我们谈论项目管理,就不得不用崇拜的眼光去讨论管理的所有问题。因为,项目管理本身经过了很长一段时间的发展,它已经成为一个巨大的宝藏。当抛开所有的经验去谈论管理的时候,我们本身就已经被这悠久的历史所吞噬,甚至渺小得不值一提。

不否认,有些个别的管理者没有经过系统的培训,也能够把项目管理得非常好。项目管理的历史就这样走过来的,总会有那么一大批成功的项目管理者把经验积累下来,沉淀下来,才构成了当下留存下来的完整的项目管理体系。但是,我们一样不能忽视,有更大的一批失败的管理者在历史的长河中被沉没掉,成为基石。否则,这样的发展史就不可能提供一个合理的解释。

有时候,成功是偶然的,失败却是一种必然的结果。

现在的管理体系已经非常成熟了,但是,我们必须通过学习才能获得更先进的管理技术。如果，只是听别人说了几句话，或是看到了只言片语的几段文字表达，我们所获得的管理经验都不过是肤浅的知识而已，对于项目管理体系而言是经不起考验的。同样地，有这样一批项目管理者，在经过一整套的培训和教育之后，很快成为这个领域里的知识专家。他们能够在整个纸面模型里对项目管理分析得非常透彻，可是，却不能在实际的管理过程中做到游刃有余，他们只是停留在知识层面上。成为一个知识专家甚至比成为一个实践的项目管理者更加容易。因为，能够学习的东西都是最简单的。

作为一个优秀的项目管理者。必须通过学习获得完整的项目管理体系的知识。然后，通过实践进行反复地运用，把理论和实践融为一体之后才是一个真正优秀的项目管理者。

项目管理体系的本身只是项目管理的基础，它更多的经验是源自技术层面上的。停留在技术层面上的知识都是相对简单的。有时候，它会变得更加简单和机械性的。管理一个项目仅仅停留在简单的技术层面上，是一件非常危险的事情。技术层面的工作只是一些管控动作，如何确保所有干系人按照管控动作的目标去完成所有工作，却不是技术层面的事情。它所需要的是强大的管理能力。

作为一个优秀的项目管理者，整个管理体系的知识是不可或缺的。但是，如何能领导整个项目团队，按照既定的目标完成所有的工作,又不是单单依靠技术层面的知识能够解决的,它需要更多的领导能力才能完成。

领导的智慧更是需要不断地学习和培养。威仪、用人、决断力,这是领导力的三个关键词。支持、授权是领导的最高境界。

当然,如果能够守住"亦学艺先学礼"的道理,更能如鱼得水,使"快乐生活、快乐工作"成为可能。

读书体悟

简单的管理手段需要复杂的知识来支撑

真正的好的管理不是能够把项目本身做得多么优秀，或是完成的所有项目都是相对比较成功的，而是那种不仅能够把项目做得好，而且还能够让外行人看得懂的管理。好的管理是那种抛开个人能力的影响，让整个体系能够自行运转的管理模式。

有些优秀的项目管理者具有非常出色的管理才能，经过他管理的项目都能获得非常大的成功。但是，当你靠近他的光环去学习如何管理时，似乎很难找到学习的窗口。这种人做事情依靠的不是流程、制度，依靠的是其极其独特的才能。这种人具有极强的个性化的特点，是天才的管理高手，他们做任何事情似乎都不太常规，却总能把事情做好。

项目管理这个行业里存在很多这样的管理高手，他们仍然沿用着最传统的项目管理方式进行管理，他们的成功完全取决于个人魅力和自身的专业水平。任何一个项目在他们的眼里都是完全透明的，没有什么问题能够在他们眼皮底下隐藏起来的，也没有什么风险是可以逃避掉他们的眼睛的。他们是团队成员眼里的神一样的人物，因此，他们的光环能够影响到下面的所有成员为其赴汤蹈火。有这样强大的一个团队去做一个项目，基本上能够获得百分之百的成功。这种能力存在了几千年了。

这种能力是非常难以被复制的。这样的项目管理者可以毫无保留地传授给你各种各样的成功经验。但是，当你按照他的方法去管理的时候，你永远也不可能从中获取成功。因此，我们不得不说：看似没有管理的管理其实是最复杂的。他们在表面上没有处理很多事情，实际上，他们已经在内心演练了数百遍才做出每一次的判断。

看似简单的管理其实是最复杂的，是很难被复制的。

一百多年来，随着经济的发展和节奏的加快，需要大量的项目管理人才加入新的行业竞争中来。传统的造神的管理模式是非常难以复制和模仿的，它很难满足行业的需求。因此，随着行业的需求量加大，越来越多的机构和团体加入项目管理的体系研究中来。所有的机构都在试图通过体系的完备来减少个人魅力的影响，从而形成一个普遍化的成功逻辑，能够被复制和传授。

随着系统性的研究越来越深入，项目管理体系本身的逻辑变得越来越清晰，但是，其操作的过程却变得越来越复杂了。能够用逻辑描述的东西是最简单的。当把所有的流程罗列出来以后，就可以按照流程管理任何一个项目而

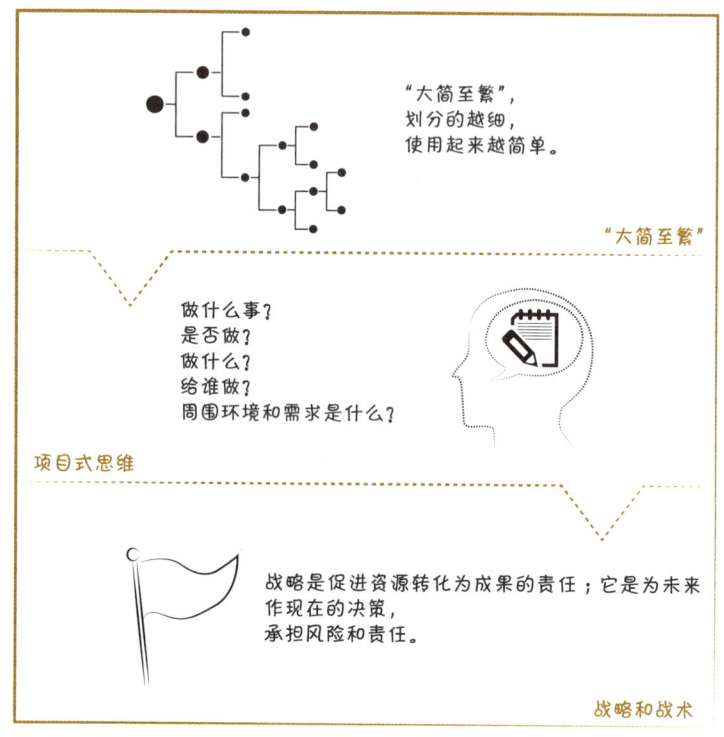

不会出问题。于是,所有的项目管理都成为一个简单复制的过程。

复制好一个流程也不是一件简单的事情。任何人使用这样一个庞大的体系去管理一个项目都需要付出巨大的时间精力,这个过程的本身又是一个相当复杂的过程。

大繁至简就是这个道理:把管理本身变成一个复杂的管理流程,应用起来就是一个简单的复制过程,于是,所有人都能够很容易地进入到自己的角色中，按部就班地做事情，还能够确保项目的稳定和重复的成功。

大繁至简的过程是一个行业的基本平台，这个过程其实是在培养一个管理者的思维方式和做事技巧。一个优秀的项目管理者在经过大量的项目实践以后，同样能够转化到大简至繁的阶段。

大简至繁是管理的更高境界，当再次突破大简至繁的阶段以后，就可以进入到无为而治的阶段了，这个阶段才是管理的最高境界。

读书体悟

项目管理的框架思维

管理方法必须与管理阶段相匹配

团队管理的本身是一个不断调整的过程。理论上，每经过一次共同奋斗的经历，团队的凝聚力就会增强一分，组织成熟度也会成长一分。因此，一个能够长时间在一起工作的团队，经过不断地磨合和适应，它的管理效率和工作能力都会远远强于新成立的项目团队。因此，一个团队的稳定性对于团队的成长至关重要，更是培养一个优秀团队的重要保障。但是，项目本身就是一个临时性的工作，无论多么长久的项目团队都要经历一个解散的过程，然后进行新的团队的组建。如何能够把组织成熟度迅速融合到新组建的团队中，才是团队管理的重要工作。

我们经常说起这样一个概念，项目管理得好不好，项目管理者占有 80% 的责任，全部团队成员占有 20% 的责任。这个概念其实在向我们讲述一个重要的观念"项目管理的好与坏，除了与团队所处的阶段有重要的关系，更重要的因素是项目管理者自身的能力"。项目管理的本身是一个临时性的管理动作，它的存在永远要经历组建团队、建设团队、管理团队、解散团队的过程。一个优秀的管理者如果能够清晰地辨别出来团队所处的阶段，采取与之相匹配的管理手段进行管理，就能够大大提高管理团队的效率，甚至超越一般的成熟的项目团队。

管理是一门科学，所以管理本身是非常有逻辑的。作为管理者去管理一个团队，必须从科学的角度去了解管理，才能把团队管理得有声有色。

一个团队从开始组建到完成一个项目管理工作，必须经历组建团队、建设团队和管理团队的过程，在不同的过程阶段，团队成员都会存在不同的做事风格。因此，要想真正地管理好一个团队，必须深刻了解团队成员所处的不同阶段，然后采取与之相匹配的管理方式进行管理，才能确保整个团队持续稳定地成长，并能给团队带来更高的绩效。

组建团队是一个很微妙的过程，它考验的是管理者的管理水平：一个好的管理者能够在组建团队的同时组建起一支强大队伍。组建起一支强大队伍背后的真正逻辑是管理者的最高价值：管理者的目的不是培养人才，而是选拔人才。组建起一支好的团队，意味着组建团队的起点比别人高，如果在管理团队过程中，团队能够迅速完成成熟度的转变，项目团队一定能够取得非常出众的结果。但是，事实并非如此，很多团队在建设过程中不注重团队成长过程，实施不对等的管理措施，结果造成团队员工的离开，造成项目的失败。

建设团队是在整个团队管理过程中的一个重要阶段。它是团队管理制度的磨合过程,更是团队成员和团队管理者之间的磨合过程。在整个团队建设过程中,团队成员必须经过同、比、背、融的过程进行融合。与此同时,团队的管理者必须采取与之相匹配的"导师、教练、支持、授权"的管理手段进行管理,确保团队的管理方法永远与团队所处的阶段相匹配,从而确保团队稳健成长,始终处于高绩效的管理过程中。

管理的本身从来不会成为管理的问题,真正的问题经常

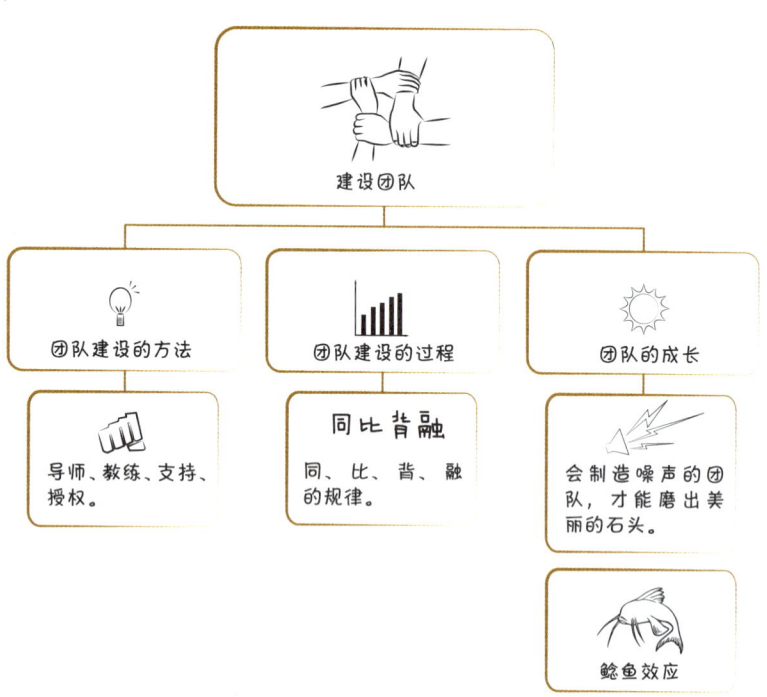

出现在管理方法与管理阶段的不匹配。我们经常会听到一些管理者采取新官上任三把火的手段进行管理，也许在某一阶段会起到一定的作用。但是，当激情过去，团队之间不能形成彼此的默契，后续的管理就会变得非常困难。这样的情况是我们习以为常的。

团队管理处在哪个阶段其实并不重要，重要的是我们必须了解它所处的阶段，然后采取与之相匹配的管理策略。通过策略去引导组织成熟度，最后达到多方承诺，多方授权的阶段，这才是管理团队的最高境界。到了这个阶段，团队就能够真正地处于融合的阶段，进入可以高效管理的阶段。

读书体悟

改变必须是破坏性的,甚至是颠覆性的

管理是一项非常复杂的工作,它与技术工作有着完全不同的思维方式和做事方法。像我们这些以技术出身的管理者,谈及管理就会把重点落在解决问题上,这是一个非常错误的思维方式。管理从来不是解决问题的过程,而是整合各种资源做事情的过程。因此,一个技术精英就算能够解决掉所有问题,也不能成为管理型人才。一个技术型人才转变成为管理人才,必须从内部进行改变。这种改变有时候是破坏性的,有时候是颠覆性的。

一个技术型人才必须舍掉过去所有的思维方式,才可能彻底地转变成为管理型人才。这个过程非常痛苦,但是我们必须去学习。我们必须了解几个概念:

第一个概念是管理型人才不是培养人才的,而是选拔人才的,选拔对的人去干对的事儿才是管理人才的重要价值;

第二个概念是管理型人才是制定方针和策略的,不是具体操作事情的;

第三个概念是管理型人才是调动团队积极性的,是管理团队做事情的;

第四个重要的概念必须加以重视，那就是管理型人才不是解决问题的，解决问题是执行层面、技术层面的事，这是管理型人才和技术型人才最大的区别。

在整个商业行为的体系中，有这样一个职业叫作职业经理人，这个职业本身是对标准的管理型人才的特征描述。他们的职业就是管理。他们可以对技术层面完全不了解，却可以在所有的商业行为中充当管理的角色，他们依靠管理模型就能够把事情做得非常出色。

我们经常提起管理科学，其实是在强调一个客观的概念。管理本身是作为一个职业存在的，它是一个技术活。培养一个技术型人才是相对比较简单的，技术层面的东西更容易被固定下来、被解释出来、被传播出去。一个人只要有足够的执着和足够的用心，就具备了成为技术精英的条件。培养一个管理型人才就相对复杂得多。它考验的是智商、情商、敏感度和责任心，是用心。它需要了解更庞杂的知识体系，而非单一层面上的事情。

一个好的管理型人才能够把更多的技术型人才整合起来做好很多事情，而一个好的技术型人才不一定能够把一件事情做好，因为他们的眼界、境界和目标是不一样的。因此，由技术型人才中选拔出来的管理者，如果没有从内心开始进行的裂变的洗礼，就会造成管理的混乱和未来巨大的损失。

一个优秀的管理者，重要的作用是制定策略和战略方针。

但是，一个优秀的管理者却不能从这个方面进行考量，因为这个标准是不能够被量化的，是不能被评测的，不足以用来评价是否能够稳定地带领团队成长。那么评价一个管理者是否优秀的标准变得尤为重要。有了标准，一个管理者就能够找到自己的发展方向；有了标准，一个技术精英想转变为管理人才，就知道自己该向哪个方向努力了。

管理是一件非常复杂的事情，评价一个管理者是否优秀更加难以量化。在此，我们提出三个观点抛砖引玉，希望能够以此作为一个契机，为正在从事管理和准备从事管理的从业人员提供一个参考：第一个叫战略达成绩效；第二个叫作创新绩效；第三个叫团队成长绩效。一个管理者如果能够经常关注这三个内容，不断反思在这些三个方面上取得的成果，对职业生涯的发展一定会有所帮助。同样地，一个管理者不能在这个方面做出一定的成果，这样的管理者一定不是一个合格的、优秀的管理者。

读书体悟

第六章

把项目做好是项目管理的主要价值

项目是企业生存和发展的基本单元,其重要价值是帮助客户解决问题。解决问题是所有商业行为存在的基础,更是企业生存和发展的基本动力。赚取利润不是项目管理者应该考虑的事情,而是应当考虑如何实现企业目标。

创造利润不是项目管理的职责

项目管理的目的是解决问题

质量和成本没有绝对的关系

要对专业心存敬畏

成本管理能够推动技术创新和管理创新

创造利润不是项目管理的职责

我们经常会说，项目是企业得以生存和发展的基础单元，没有项目的成功，企业的所谓的战略都将成为泡影。从这种意义上来说，项目管理的重要地位是不言而喻的。

有很多项目管理者深刻理解项目的重要性，但是却夸大地认为"没有项目团队的贡献，企业就不可能生存"。这是一个非常大的错误观念。就像一个美丽的陶瓷茶杯一样，我们都知道它是由瓷土烧制而成的，但是，谁又能说有了瓷土就能做出一个漂亮的杯子呢？所有的瓷土都在默默无闻地存在着，因为，那才是它所该存在的位置。换句话说，项目是企业运作的基本单元，它的价值就是按照企业的目标最好地完成工作，这才是对企业做出的最大的贡献。

按照要求把事情做好才是项目管理团队要做的事，创造利润从来不是项目层面应该具有的责任。生产型项目团队更难创造利润——这一点经常被业界人士所误解，从而成为项目失败的致命原因。

我们常说：赚钱这个行当从来不是项目这个层面应该担当的角色。项目的目标从来都只是按要求把事情做好。项目的作用是为企业创造产值，产值自身所带来的利润是公司层面确定的。对于项目而言，只有通过节省才能创造项目的利润。但是，这种节省一定是有方向感的，所有的节省措施必须是在保质保量的情况下实施的。所有的节省方案都是要有策略的，盲目的节省往往会给项目带来寸步难行的境遇——这是最为愚蠢的行为。

进行项目管理一定不能把眼前的利益放在第一位，它必须要对整个项目有一个长远的打算，对整个项目进行平衡考虑。平衡、用心是优秀的项目管理者必须要具有的素质。

项目管理的本身就是在复杂多变的环境中做事，影响一切可以影响的因素使之回归到原有的计划上来才是管理的本质。很多时候，一个优秀的项目管理者采用舍得的观念，采取与人方便与己方便的管理措施，往往能够起到四两拨千斤的效果。把不利变成有利，给项目节约更多的成本。

在我们见到过的大量的工程管理的项目中，由于外部原因给项目自身带来重大损失的事情微乎其微。只要我们认真分析，就能够找到可以规避和解决的节点，只要当时果断地付出很小的代价就能规避掉一系列的问题。换句话说，这一系列的问题，我们都可以归结到管理上出了问题，需要进一步提高管理水平。

项目本身从来不具有创造利润的能力，它的所有利润全部来源于通过管理水平的提高为项目节省出来的管理成本，也就是说通过提高生产效率降低的成本——利润等于工作效率，工作效率等于科学管理。

事实上，在景观这个传统行业里并不太关注管理体系的重要性。对于大多数的项目而言，整个体系仍然停留在干活的层面上，依靠个人的责任心去做事情，因而造成成本非常不可控。这种放羊式的管理是最传统的管理方式，我们把它叫做工匠自律的管理阶段。在工业步伐大幅加快的条件下，产业化成为主流。能够被称为工匠的匠人成为极其重要的稀缺资源，在这种条件下采用工匠自律的管理方式本身就是一件危险的事情。当然，管理本身是没有正确和错误的差别的，关键要看这种方式与这种资源是否相匹配。在产业化的进程中，必须采用对等的管理方式进行匹配，才有可能把项目做好。

在整个项目管理体系里有这样的评价"干活的团队在责任上承担70%，利润贡献上只占30%；运维层面上，责任承担30%，利润贡献占70%"。这就是为什么越大的公司越忽视项目团队而重视运营团队的原因。作为一个项目管理者必须充分意识到这一点，才可能把自己的视野放得更加宽广，站到更高的维度上去考虑运作一个项目，真正地把项目做好才是对公司做出的最大贡献。

项目管理的框架思维

项目管理的目的是解决问题

对于企业而言，项目的存在是企业得以生存和发展的最基本和最重要的因素。因为，商业行为的本质就是解决问题，只有项目本身才是做事情的，才是解决问题的，其他的一切行为都是为项目实现做准备的。

表面上看，项目实现在整个企业的运作过程中起到重要作用，只有通过项目达成才能真正地为企业创造利润。于是，很多项目管理者便把创造利润当作项目管理的真正价值所在。做事情不力求把事情做好，而是处处要求价值最大化、利润最大化，却忽略了项目管理真正作用。一旦项目管理进入创造利润为目的的怪圈，项目管理本身就很难获得真正的提高。一个不能不断自我提高的项目团队，一个不能对项目有高要求的项目团队，是很容易被别人替代的。

项目管理和项目本身是两个完全不一样的概念，一旦混淆概念，管理项目就会变成一件非常困难的事情。处理不好，不但不能为企业创造利润，反而会造成无法挽回的灾难。

项目的价值从来不是项目管理创造出来的，在它签订合同的那一刻起，它所能够为企业带来的利润就已经基本确定下来了。项目管理团队只要能够按照既定的目标把项目做完，就已经是一个合格的项目管理团队了，否则就是一个失败的项目管理团队，必须面临被解散的风险。

对于公司而言，每一个项目存在的价值都会有着些许的差别。有的项目是用来创造品牌和影响的，它需要的是不惜代价地把结果做好；有的项目是用来发展企业的，它必须在可控的成本下把事情做完；有的项目是完全做服务的，满足

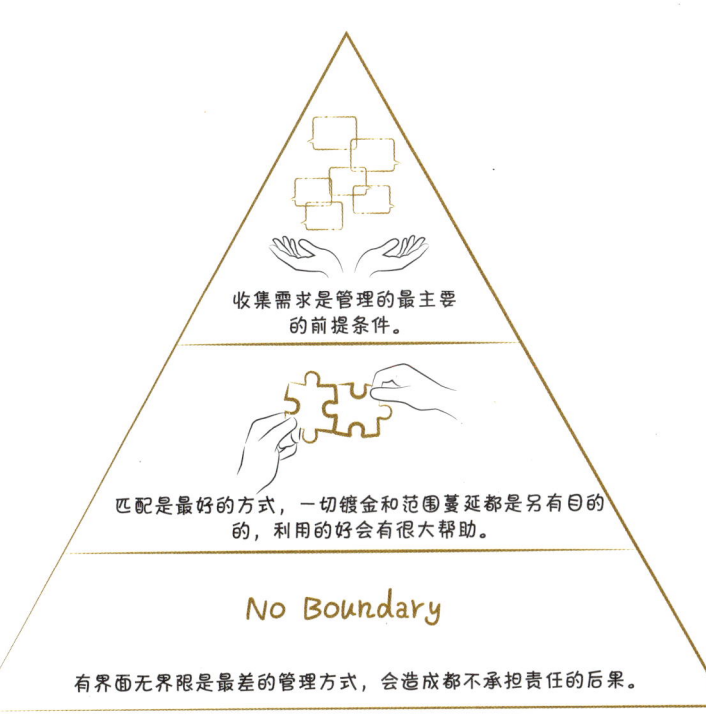

足客户要求才是第一使命。因此，项目管理没有绝对的好坏的区别，与公司目标是否匹配才是评价项目管理的唯一的标准。

理论上，项目管理团队是不应该，也是不可能为企业创造利润的，它唯一的使命是目标达成。除此以外就是节省成本（通过自身的管理来减少管理成本，为公司节省资金的投入）和创造品牌效应（做出更高质量的产品，赢得更好的口碑，创造品牌溢价）。项目管理的目的不是创造利润，把事情做好才是优秀的项目管理团队应该要做的事情，这是两个完全不同的方向。

商业行为得以存在的真正原因是能够解决问题。但是，企业运转的本质却不是做事情那么简单，它更像一个资本运作的平台，必须考虑资金的投入产出比和现金流的使用状况，保证企业能够正常运转。项目的运作必须紧跟资金的运行节奏进行调整才是正确的管理方向。因此，从企业运作角度来看，项目管理的主要目的就是把事情做好，让客户满意；其次紧跟运营节奏来达成目标，实现对现金流的承诺。做好这两点才是项目管理的真正价值所在。

质量和成本没有绝对的关系

在项目管理这个行当里,按照要求把项目做完一直是其第一使命。这句话看起来是一件非常正确的答案,因为,项目本身就是有开始时间和结束时间的一件事,只要没有在结束时间里把事情做完就是一个失败的项目。因此,在这个行当里,出现了一大批以完工为第一使命的项目管理。在完工面前,其他的一切都是障碍,都是可以忽略的。

在建筑行业里,这种以完工为第一指标的行为尤为突出,甚至有着更加激进的表现:"交房是天"的口号成为指导工程管理的天条。为了确保按时完工,抢工和快速跟进成为一种常态的工作。这种非逻辑的管理动作虽然能够把工作完成,但是,它反科学化的动作本身是存在巨大风险的,一旦表现出来,就会带来巨大的损失。

我们亲眼看到过这样的地产企业,在房屋交付的那一刻,整个企业都会大摆宴席,为完成一次成功的交付活动而庆祝。但是,经过短暂的喜悦之后,一大批的问题马上接踵而来,维修整改、业主索赔的事情就会把整个公司搞得焦头烂额。以至于公司层面不得不站出来纠正过去的错误观念:"我们在过去交房中所赚取的利润,几乎都已经在后期整改过程中花费出去了,而且还不知道未来还要花多少。我们必须重新端正我们的做事态度,质量才是我们的立命之本……"。

完成一个项目固然重要,但是,它不是整个项目的价值所在,充其量,它只能算作一个项目的里程碑而已。对于企业而言,只有创造价值的项目才是有意义的。因此,如何能够通过价值实现为企业实现长期价值回报才是项目管理者真正要考虑的事情。提到价值回报,项目管理者很容易把管理的重点偏离到成本管理的一边:通过开源节流的办法提高价值回报。理论上,这种通过减少成本的付出而获得更大的收益的做法也是正确的。但是,当我们仔细思考商业行为的本质时就会找到这种做法的问题:所有商业行为都是以解决问题而存在的,任何不以解决问题为出发点的商业行为都将被商业边缘化,被商业环境所淘汰。

我们经常会看到这样的项目管理者,他们以投入产出比最大化的评价方式去管理一个项目,其实是忽略了技术本身的瓶颈所带来的巨大的风险问题。他们不去真正考量客户的需求,不去最大化地本着解决问题的方式去做事,结果造成了质量的巨大隐患。我们经常看到这样的事情,由于一个很小的成本的节约,却造成整个工作必须重新来过。结果不但没有创造更多的利润,反而造成巨大的损失。这些事件告诉我们一个重要的概念：项目管理绝对不是金钱的游戏，它是以解决问题为第一使命而存在的商业行为。

有很多项目管理者经常抱怨这样的问题：由于项目的利润太低了，我们不得不以降低质量的办法来降低成本，才能保证项目的利润，才能实现对企业的承诺。这句话同样是一个非常错误的观念。我们经常讨论奥迪车和奥拓车的例子，虽然两种车型的档位不一样，但是，它们都具有相同的性质：质量都是一样的，都能够确保正常的行驶。我们不能因为奥拓的价格便宜，就允许生产出来的车型可以经常出现问题，能够容忍行驶出来的车辆每天在路上等待救援。

质量好和成本低是完全不相关的两件事，一定不能混淆在一起进行谈论。质量完全是技术层面的事情，只有技术专家才能够在这个领域里具有绝对的发言权。但是，要想做出一个好的产品，却需要更多的资源匹配才能完成。质量是规划出来的、是计划出来的、是要求出来的，它与成本没有根本上的联系。

行业竞争的压力越来越强大，整个质量体系再一次被提到一个新的高度。人们不得不去重新确认这个概念：质量是立命之本。

我们必须从三个维度去分析这个概念：

第一，全行业的质量标准越来越透明，一旦项目的质量不合格，返工的风险几乎是 100% 的。在整个成本体系里，只要返工的事件发生，利润的下降就能成为必然的事情，这一点恰恰是项目管理层面不能接受的。

第二，好的质量或许不能给项目带来当下的高回报，但是，它却可以给项目带来更好的口碑，从而带来更多的业务。更重要的是，好的口碑确实能够带来更高的溢价，形成差异化的竞争，建立起高端的市场格局。这种细分的格局本身带来的高溢价、高回报的背后所带来的利润是非常巨大的，是企业能够得以长久的有力保障。

第三，高质量的产品不是简单的质量问题，它是一个管理系统的问题，一旦掌握到成功的管理经验，它会给整合项目管理工作带来一个全新的高度。

项目管理是一个复杂的过程，我们不能强调一个概念而完全忽略其他的因素。否则，它只会把项目团队从一个极端带到另一个极端，都不会有太好的结果。因此，整个行业都在反思项目管理的进一步方向，试图寻找到一个平衡的结果。

在项目管理的层面，质量、进度和成本经常成为尖锐的矛盾体，这是与管理水平和管理高度有着直接关系的。事实上，它们从来不是矛盾体，它们是正向的共生关系：好的质量管理是在强逻辑管理的条件下实现的；强逻辑管理本身就是进度管理、时间管理的本质所在。所以，我们才说"做好时间管理才能够有时间把质量做好，一次把质量做好才能避

质量的地位

1. 质量是立命之本，它所带来的认可度和品牌效应，是无形资产和更高的竞争力。

Quality

2. 质量的灵魂：一颗匠人的心和灵魂。

Heart & Soul

3. 质量的保证：尺子和尺子的说明书。

4. 永远不要叫破窗原理出现（戴明理论）。

Deming

5. 工匠自律、监督、检查、前控、全项目管理、质量保证承诺。

管理的阶段 · 管理的精髓 · 管理的工具 · 质量的措施

免返工的发生，才能保证强逻辑关系的正向运行"。当然，没有返工、没有抢工，整合项目才能按照计划的利润指标达成。更重要的是，只有整个项目在计划的前提下实现自运营之后，团队才能有精力去创造新的机会。创新就是生产力，就是更大的价值。价值是创造出来的，节省出来的价值永远不能成为主流的价值。

价值实现的本身应该是有生命的,我们不能仅仅停留在质量、进度、成本等静态的层面上,应该给予它们更多的活力,提质、守节、增效才是当下最正确的表达方式。

有这样的一句话:"每天重复做相同的事情却希望得到不同的结果,那叫神经病。"

在过去很多年里,我们都以死气沉沉的态度面对质量、进度、成本的概念,因此才会造成当下项目管理的困局。变革必须是从内而外发生的,思维的改变才能带来根本的变革。固守的概念必须要进行改革,整个管理才会更加有方向:1.提质就是提高质量;2.守节就是守住节点,守住计划、守住时间管理的底线;3.增效就是提高效率,它不仅仅是控制成本的过程,一切能够给团队带来溢价的事情都应该被纳入增效的范围内。只有这样的思考方式才能给项目团队带来富有活力的生命力。

读书体悟

要对专业心存敬畏

项目本身是一个有着开始时间和结束时间的临时性工作，把事做完是所有项目管理的最基本的标准。但是，真正能够体现一个项目管理水平的标准不能仅仅停留在把事情做完的层面上，要把项目做好才是体现管理水平的真正标准。

项目的本身就是做事情，做事情的目的是要获得结果。因此，无论管理的过程是如何的复杂和艰辛，实际上都是一个过程而已。过程是不能给人展示的，不能让人看到的，不能让人体会得到的。但结果不一样，它就像一个艺术品一样摆在那里，是有味道、有情怀的。你不用对它描述过多，它自身就能开口讲话，讲述它背后发生的所有故事。

很多时候，一个项目管理者过于专注过程，很容易把自己牵制在过程中的琐事中去，不能自拔。于是，纠结和纠缠成为管理过程中的主要事情。这样的管理即使能够把事情做完，也不可能做出一个好的项目，他不可能成为一个优秀的管理者。因为这与做事情是完全不同的两个方面：我们讨论的做事情是指事情的本身；而琐事是指为了做事情而要解决的其他的所有问题。一旦我们绕过了事情的本身去做管理，就一定不会有太好的结果。高度决定了事情的结果；格局决定了做事境界。

我们谈项目管理就不能不去谈项目本身。因为，项目是一个临时性的工作，从来没有两个完全一样的项目可以依靠过去的经验完成，因此，才有项目管理这个行当去解决所有问题。同样，项目是所有企业得以生存的基础，由于企业的经营范围不一样，项目管理的评价体系同样有着天壤之别。

在景观这个行当里，所有的管理都是纯逻辑的。因此，要想管理好一个项目，就必须真正了解这个逻辑。否则，一做就错，错了就得返工，返工的项目就一定不会有太好的结果。逻辑的东西是技术层面的，是专业层面的。这个行当的管理者要想把项目管理好，就必须对专业心怀敬畏，要用研究的精神去对待管理，才有可能真正地把项目做好。

我们见过这样的管理者，太把自己当作领导了，计划往上一汇报就了事，工作往下一安排就走人。但是，谁来确定计划是否可行呢？谁来判断安排的工作是否能落地呢？的确，项目管理者能够让团队来解决所有专业的问题，但是，如果这个团队的能力不行，又有谁能够平衡这个结果呢？

我们说，项目管理者有这么几个作用：第一，他是一个项目的守门员；第二，他是团队的推动者；第三，他是团队的激励者。换句话说，一个项目做得不好，没有人会评价团队不行，一定会说项目管理者的能力不行，因为他做不到上面的三个内容，他就不是一个合格的管理者。

在景观这样的行业的管理者，每天面对的所有的问题几乎都是纯逻辑的、纯技术的。因此，这个行业的管理者必须把自己变成行业的精英，随便瞥一眼施工计划就知道问题会出在哪里；看一眼现场就知道现场还有多少问题，还有多久能够完成工作；看一眼工艺就知道哪里还会出现问题等等，这样的管理者才能成为一个合格的守门员。具有这种素质的管理者才能成为一个合格的激励者和推动者。

听过这样一个故事，在古玩这个行当里有这样一批行家，他们在品评古玩的时候，总是翻来覆去的检查，用了几个时辰才会给出一个结果，这样的结果一定不要相信他，因为他们一定是吃不准的，否则就不会这么纠结。真正的行家里手，把古玩从眼前一过就能辨别出它的真伪了。因为，他

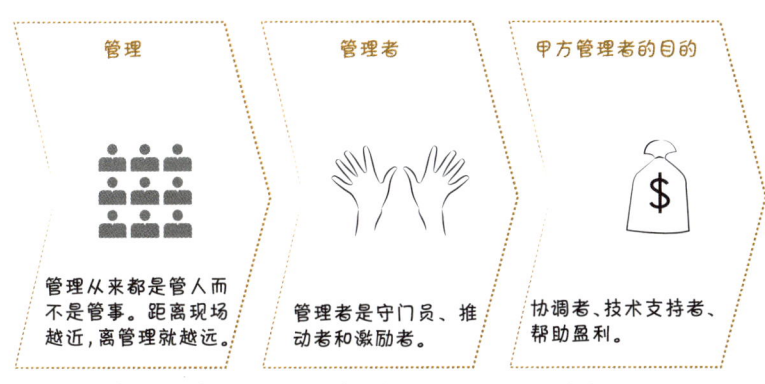

从管理，到管理者，到甲方管理的实践，要做好目标定位。

们已经研究得太透彻了，已经达到了悟道的阶段。

　　景观这个行当里的管理者就应该把自己修炼成为真正的高手。当然，这个过程是非常漫长的，它必须是一个循序渐进的过程。因此，一个管理者想真正成为高手，就必须对专业存有敬畏之心。做每一个项目都要把自己当成刚入道的小学生，认真做事，找到它背后的逻辑，然后深入地研究。唯有如此，才能真正地做出好的项目。

读书体悟

成本管理能够推动技术创新和管理创新

成本管理是整个项目管理过程中的一个极其重要的组成部分，它直接关系到项目的投入产出比，直接影响到项目团队创造的价值。因此，做项目管理必须注重成本管理。但是，成本管理在整个项目管理过程中具体怎么落实、怎么实施，却具有完全不一样的方向。

我们经常听到项目团队抱怨成本管理过于苛刻，过于书本和表面化。提出了大部分的管理手段都是不切实际的，严重影响项目的推进，成为项目发展的巨大隐患。在我们看来，这些都只是片面的观点。我们同样听到过正面夸奖项目成本管理的。好的成本管理能够给项目团队提供好的思路、好的资源，提供节省成本的方法，为项目团队能够获得更高的投入产出比提供有力保障。

以上两个案例说明了成本管理的作用。在成本有压力的情况下，一种选择就是抱着传统的方式去管理，对所有的由于成本压缩带来的变革持有敌对态度，不愿意接受。于是，成本和项目成为内部尖锐的矛盾体。虽然，矛盾可以从内部解决，能够把项目做好。但是，这样的团队没有通过成本的改变进行自我裂变,没有主动改变自己的内部思路,不愿意积极创新。因此,这个项目团队在整个行业竞争中不会有足够的竞争力,未来的方向其实非常不乐观的。另一种选择就是能够不断地探索、发现,找到更加有效的方法把项目做好,这个过程其实就是在不断创新的过程。找到合适的方法

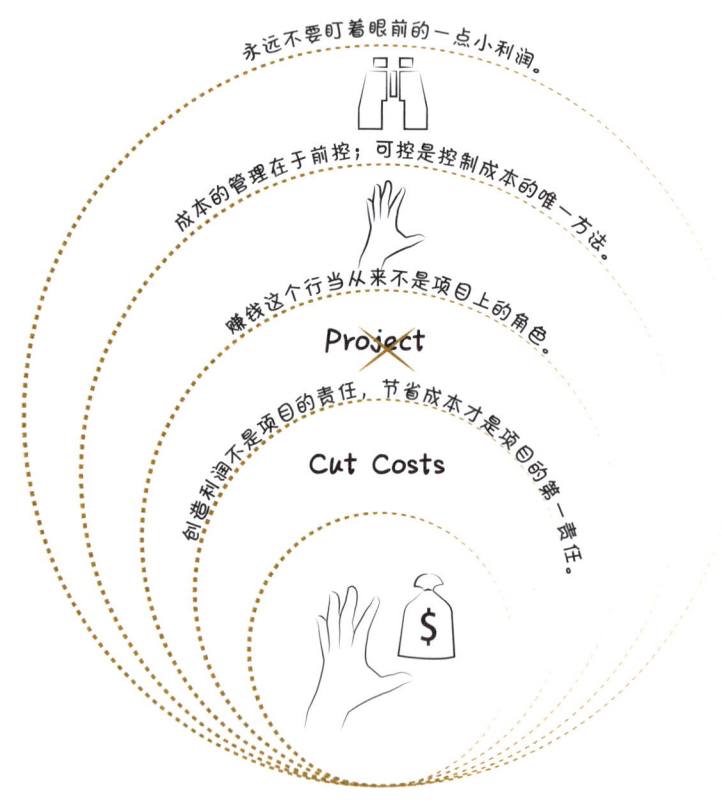

成本管理的价值。

把项目做好，让多方达到满意的结果，这才是项目管理的最重要的价值。

我们一直描述成本管理的好处，它的前提是成本管理体系是非常职业化、专业化的。这里对成本管理团队提出了更高的要求，它必须具有专业素质和职业化精神。这样的团队必须是一个服务部门、控制部门，摆正态度，对于做好成本管理至关重要。其次要敬畏技术、敬畏人、敬畏未来。如果没有敬畏心，成本管理就是数字上的游戏，不但不能创造价值，更多的时候会创造风险。再次要有不断跨界学习的能力，应该站在行业的前沿，创造更多的机会对成本管控进行学习和探索，成为项目成功的重要支撑。换句话说，成本管理如何做好、如何做到位，才是整个成本管理过程中需要不断学习和考虑的重要问题。

成本管理从来不是、也不应该是凭空创造出来的，它必须尊重规矩，尊重科学。成本管理最大的价值是推动项目不断创新。唯有技术创新和管理创新才是成本管理的核心内容。这是团队成长的动力，企业得以长盛不衰的基础。

第七章

服务、协调和平衡是管理的主要工作

管理项目需要技巧，人员管理需要方法。通过管理把所有人员纳入一个多方承诺的体系里是最好的管理方式，进而实现更有依据、更有说服力的沟通。

- 做好服务和协调工作
- 会议管理是最有效的管理方式
- 不要召开没有反馈机制的会议
- 权利和义务是对等的关系
- 现场管理就是提意见、记考核、做东西
- 不要停留在把项目做完的层面上
- 完整的交底流程和方法
- 项目达成、技术创新和团队成长绩效

服务、协调和平衡是管理的主要工作

做好服务和协调工作

一个项目的成功是需要满足所有干系人的预期才能够实现的。对于不同的项目，干系人的复杂程度也会有完全不一样。有些简单的项目只需要三五个人的协作就可以完成，而一些相对复杂的项目就需要成百上千的干系人在一起共事，这样复杂的管理就需要相对体系化的管理工具才能实现。

在一些相对复杂的外包工程中，甲方都会寻找一家能力比较强的管理单位进行统一协调，以便把相关干系人的需求统一起来做事情。对于甲方来说，这种做法是最简单的。但是，事实上的总包又有着完全不一样的存在模式：一种叫管理外包模式；一种叫大总包模式。

管理外包模式是一种单纯地把管理进行对外分包模式。这种外包团队以单纯的管理的方式加入项目之中，它对整个项目具有最高的管理权。但是，除了管理以外，不参与任何与项目相关的其他过程。这样的管理团队不与其他任何干系人发生关系，因此，它能够客观地参与到项目管理中，用科学的管理方法进行管理项目。这样的管理团队在业内被称为顾问管理公司，或者叫作咨询管理公司。

管理外包以一种新鲜的形式参与到项目管理中，我们把这种方式叫作"专业人干专业的事"。管理外包模式是目前最科学、最先进的管理方式。它能够大大降低项目的运作风险，降低管理成本，提高管理的价值兑现。但是，作为一个行业的存在，必然会以收费的方式出现在项目中，而这笔费用是很多甲方不愿意支付的。因为，这是独立于原有项目之外的费用，在某种程度上被称为额外的开支。

　　这种新鲜的管理方式还没有被很多传统行业所接受。相比之下，他们更愿意采用传统的大总包的方式进行项目管理。虽然管理有一定的困难，但是费用相对较低。

　　这里大总包的角色大部分来源于项目中的最重要的干系人。他们在项目中的权重比较大，因此，他们很容易被认为是一个具有更好管理能力的团队。甲方更愿意把其他干系人纳入总包的统一管理中，以求项目的平稳落地。

　　事实上，所有的甲方都很清楚这种模式背后是有问题的，因此，都会成立一支凌驾总包之上的甲方管理团队参与到项目管理当中去，以求项目平衡。新问题的出现是不可避免的：一个项目出现两个管理团队同时参与管理，甲方作为相对多余的管理团队，到底该管什么，该怎么管，处理不好就会成为一件非常麻烦的事情。

　　我们以建筑行业为例，这是一个最喜欢使用总包管理模式的行业。我们经常会有这样的困惑：整个项目采用大总包的管理模式，他对项目有着最高的管理权；整个项目又引进监理的监控制度，对总包有着制约权；对于设计又会有一个设计部门进行配合。这个组织构架似乎已经是一个完整的闭合系统，甲方管理似乎真正是一个多余的组织。难怪，很多甲方管理参与到项目中的时候，总会把项目搞得一团糟，因为，他们真的没有搞清楚自己到底应该做什么。

事实上，在目前的大总包管理模式下，甲方管理的存在是必须要配备的管理模式。原因有两个：第一个是协调，这是一个纠偏的过程；第二个是技术支持。

第一，总包作为利益相关方，做任何事情都会不可避免地从自己的利益点出发，确保自己的利益最大化。在这种情况下，一些相对小的专业就会变得非常被动，甚至在项目中没有任何话语权，很容易导致其成为影响项目完工的致命因素。在这个过程中，如果甲方人员能够参与到项目运作全过程中，并对项目运作非常了解，那么，甲方人员就能够平衡项目的利益相关方，更合理、更可控地制定计划，确保整个项目能够稳定进行。这个过程是制衡的过程，一方面要控制总包的权力过大，另一方面要管理分包按照总包的计划执行，确保整个计划平稳落地。

第二，甲方管理人员的大部分时间都是在研究管理、研究技术，他们比一般的技术人员更专业，更有执行力。因此，在整个项目管理过程中，甲方人员能够成为所有相关干系人的守门员，帮助和协作相关干系人规避风险，获得最大效益。换句话说，只有相关干系人能够获得应有的回报，他们才有足够的精力和愿望把项目做好。这一点，对于整个项目的运作来说是巨大的贡献。

从上面可以看出，大总包运作模式下的项目管理，是需要一个强大的甲方管理团队存在的。这个团队的存在，不应该是真正的项目管理者，也不应该成为参与整个项目管理的直接管理的角色。甲方的管理角色应该是真正意义上的服务者，作为大总包的有力补充，从计划的层面进行平衡，从技术层面上进行支持。这才是甲方管理真正的价值所在。

读书体悟

服务、协调和平衡是管理的主要工作

会议管理是最有效的管理方式

在从事项目管理过程中,我们不得不去面对各种各样的会议。管理的核心是沟通和协调,所有的沟通和协调都可以定义为会议:有些沟通协调的范围大一些,有些范围小一些;有些沟通正规一些,有些更加随意一些。只要我们真真正正地了解了一个会议如何开,怎样开好,就真正明白了如何去管理一个项目。有这么一句非常精辟的话来概括管理和会议的关系——管理的生涯就是会议生涯,没有会的管理就不叫管理。

管理的本身其实就是梳理和传达信息的过程,如何能够做到信息不丢失、任务不被误解,同时做到信息反馈更加准确,对管理来说至关重要。这些信息的传达能够直接成为评价管理水平和管理能力高下的重要指标。

把所有的相关干系人聚拢在一起进行有效沟通,一定是最简单、直接、有效的管理方式。但是,每一个干系人都代表着不同层面的诉求者。如何去平衡诉求,怎样把所有的想法和要求按照既定的目标达成结果,是一件非常不容易的事情。我们经常会去参加一些看似非常重要的会议,并对会议的结果抱有极大的热情和期望。但是,当会议开完之后,我们会发现很多会议最终都成为抱怨和吐槽的活动,似乎所有的结果都是模糊不清的。这样的会议是缺少主题的、缺少目标、缺少计划的。项目管理本身是一个目标非常明确的活动。要想把一个项目管理好,所有的决策都应该是可控制、可执行、可达成结果的。会议本身是项目管理的一个重要工作和手段。如何通过会议去达成项目管理的所有目标就变得非常重要了。

我们经常说,会议是用来制定计划和协调问题的。如果协调本身不是问题,就不需要开会,如果计划能够按时落地、没有问题,也不需要开会。没有计划的管理不叫管理,开会不依照计划进行讨论也是没有意义的。会议是为计划本身服务的,但是又远远高于计划本身,因为它不仅需要对计划进行跟踪,更要为计划落实和达成结果而服务。它必须是一个逻辑性非常强的活动。

我们要了解一个会议的本身,必须从多个层面了解,它是一个由浅入深的过程。

第一个层面,我们用一个词语来描述会议的目的就是"解决问题",解决问题是所有会议的最终目的。一个不能解决问题的会议也就失去了它的价值。这句话听起来是非常正确的,因为它符合逻辑。其实,这概念只是会议管理中最简单的表现形式,它的使用范围是极其有限的,但是,在目前,它很重要。到目前为止,很多的会议都紧紧停留在解决问题上,甚至,很多会议连解决问题的目标都无法达成,这是现在会议管理的主要问题。实际上,它更留于表面形式而不是会议的本质。

从正式的会议的角度来讲,会议从来不是解决问题的,会议是用来做决策的,所有的问题都应该是在会下进行沟通解决的。我们从第二个层次上去了解会议的概念,可以用两

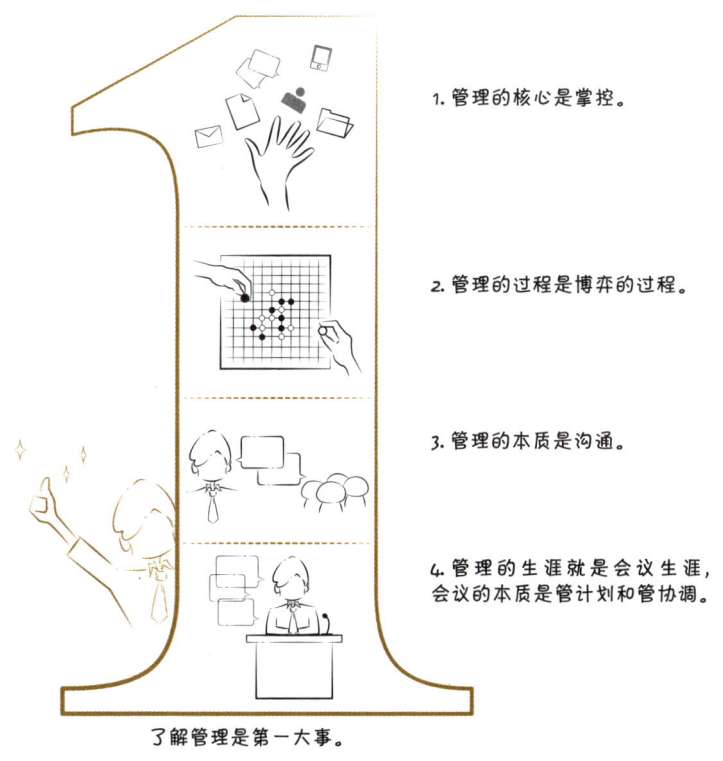

1. 管理的核心是掌控。

2. 管理的过程是博弈的过程。

3. 管理的本质是沟通。

4. 管理的生涯就是会议生涯,会议的本质是管计划和管协调。

了解管理是第一大事。

个词汇来描述会议管理的目的——沟通和协调，这是会议管理的方法层面。管理的本质是沟通，通过沟通把所有的干系人整合在一起做事情。管理的核心是掌控，掌控的主要目的是让所有的风险在自己的可控范围内，最终确保目标达成。这两个词汇使得会议进一步靠近管理，靠近了执行层面。它告诉了我们如何去管理项目，如何去开好一个会议。

事实上，如果我们能够深刻了解以上的概念并能够付诸执行，我们的会议管理就会非常成功。但是，能够充分了解并能够很好地运用这两点也是非常困难的。因此，我们从第三个层面上来解释会议，试图把会议拆解得更加清晰，并能够进入到流程管理中。

我们用五个词汇来描述会议的目的：编制计划、检查计划、安排工作、解决问题，多方承诺。这五个词汇其实是在描述会议落地的全过程。通过会议确定计划；通过检查确定计划落地情况；解决问题是计划实施的方案跟进，也是计划落地的保障；安排工作是会议的根本目的；多方承诺是让所有的干系人在会议中领走自己的任务指标，并通过自律的方式完成计划内容。会议就是做决策、传达信息的过程，其他的一切辅助内容都是需要在会议下面解决的。

不要召开没有反馈机制的会议

"管理生涯就是会议生涯,没有会议的管理就不叫管理"。在一个项目管理过程中,会议是串联整个项目的重要管理动作。因此,如何开好一个会议,什么时候开会,是项目成功与否的重要因素,需要认真学习和研究。

会议的存在模式有着多种多样的表现形式。理论上,大的会议可以容纳几百人、上千人的规模,小的会议也许只有两三个人参加。无论哪种规模,只要能够有助于信息的传达都是非常值得推广的会议模式。但是,实际上并非如此。人数越多的会议,由于意见分歧越多,越难以形成共识,往往花费大量的时间,却难以形成结果。即使通过传达的方式输出会议的结论,但由于缺少反馈机制,也很难确保会议的结论能够得到落实。往往造成说归说、做归做的局面。而小型的会议模式,却能够通过深入地交流和互动,很容易找到背后的逻辑,从而快速达成共识,完成多方承诺。多方承诺是实现彼此信任的前提条件,一旦信任经过实践被证明是可信的,项目管理就能够上升到支持和授权的阶段。到了这个阶段的管理就能够实现自我运作,实现全项目管理,管理就变得轻松可控了。

会议的存在模式与团队的存在方式有着非常紧密的关系。理论上，基层的团队模式只要通过简单推送的会议方式就能够实现会议的价值了，而越往高层的团队管理越需要更多的互动机会获得会议结论。这个层级是一个相对的概念，越往上走越是高级的管理模式，越有利于掌控，有利于落地和执行。因此，在简单的会议模式无法推进管理的落地时，要主动地向上一层的会议模式推进，寻找合适的节点去管理。

在景观这个行业里，在最基层的管理单元中，经常采用班前班后讲话的会议方式去管理，其实也是一个非常好的管理方式。它的时间非常简短，就像一个布置工作的过程，信息传达得极其精准。一旦传达出去，所有的工种必须使命必达。因此，在这个层面上，这种会议模式是最高效的管理模式。

在高级的管理单元中，会议模式就会变的复杂得多，包括晨会制度、生产会模式、周例会方式、技术会、协调会、交底会等等。有些是临时性的，有些是周期性的。只要控制得好，都能起到良好的效果。

"没有会议的管理不叫管理"，但是，过于依靠会议的管理模式也会存在巨大的问题。会议是编制计划、检查计划、安排工作、解决问题和达成多方承诺的过程，它是需要一定的时间来消化和落实的。过于频繁的会议就没有了消化和落实的时间了,就无法实现会议的目的。首先,它会造成忙碌的假象,但是,落实起来很困难;其次,事无巨细地安排工作,其实是忽视了人员的主观能动性,会带来巨大的管理成本。

我们见过这样的晨会案例,本来应该是一个简短的沟通,结果,一直开到了正午时分,等到去安排工作的时候已经到下午了,于是,一天的工作时间变成了半天的时间。

还有一种是每天晚上开的生产会,一开就开到晚上十一点。很多成员都会抱怨:"会议是一个上传下达的过程,现在,所有人都已经睡觉了,我又该怎么安排工作呢?"再简单的管理都是需要前控的,都是需要计划的。有些前控需要提前一天,有些前控需要提前一周,有些是一个月,甚至有些是一年。总之,时间不能利用得过满,留有余地才是好的管理模式。否则,所有的工作安排都会变成突发事件,会带来更多的不可控性,是不会带来好结果的。

到底多长时间开一次例会是合适的呢?每一个行业都有着不同的分配方式。在全世界范围内的项目管理研究中,对于建筑行业提出了会议管理的 40 小时原理。也就是说,按照每天工作 8 个小时,40 小时意味着 5 天时间开一次会,周末休息两天,意味着每周开一次会。这就是我们现在遵循的周例会制度的由来。但是,实际并非如此。我们的工作强度一定是 10 个小时以上，我们周末是没有休息的。因此，会议管理的 40 小时原理就要有所调整：每 4 天开一次例会是比较合适的。

> **读书体悟**

权利和义务是对等的关系

项目管理的本身就是解决一系列问题的过程，最终实现目标的达成。当问题的严重性已经达到无法内部消化的程度的时候，随之而来的就是一系列风险的爆发。解决风险必将成为整个项目管理中最重要的工作内容。在风险面前，很多的参与者会习惯性地撇清自己的责任，或是把自己的责任降到最低，以便为自己争取最大的利益。于是，各种推卸责任的状况发生就成为习以为常的事情了。

作为项目管理者，要想迅速展开风险的应对策略，规避一系列更严重的问题发生，首先要做的事情就是迅速采取应对措施。但是，当利益发生冲突的时候，措施的实施就会变得非常困难，此时必须要迅速地建立起一个公平公正的沟通平台，以便得到相关干系人的大力支持，迅速地把风险消灭在萌芽状态中。

责任分摊得公平就是这个平台的基础条件。但是，如何能够让所有的相关干系人获得非常满意的分摊结果却不是一件容易的事情。很多的情况下，管理者更愿意把责任摊派到直接造成风险的责任人的身上，因为，这样做起来比较简单,效率也比较快。表面上看,这样的结论也算是有一个比较合理的解释:没有守住底线就应该承担责任,这是理所当然的事情。但是,当我们细心思考这个问题的时候,这样的结论存在一个必然的问题:在一个复杂的合作项目中,永远不会存在因个体造成团队失败的可能,它一定是一个综合的结果。否则,团队的存在价值就失去了意义。因此,分派到任何责任人的身上都是不公平的,一旦这样做下去,一定会造成后续的一些列的问题的发生,造成更大的困难。

我们听说过这样的一个案例。在一个隧道施工的项目中,有两家公司参建了此项工程的建设,并且,两家公司具有纯逻辑的先后关系。由于前一家公司的场地交接时间的拖延,造成之后的工序必须采取抢工的状态才能按时施工。经过计算,抢工费用为100万,费用的出处成为一件非常困难的问题。一个优秀的管理者给出了一个非常巧妙的解决方案,确保了工程的顺利进行:干多大事情,就要担当多大责任。权利和义务本来就是应该对等的,因此,利润与责任也应该是对等的。用造价体系就很容易计算出费用承担的数据了。于是,管理者采取了两家施工单位按照投标报价的比例承担抢工费用的解决方案,很快得到了两家公司的认可,圆满地解决了问题。

表面上看,这个案例仅仅是提供了责任分担计算方式的解决方案。但是,当我们透过表面看到其背后逻辑的时候,就会发现它所提供的是一套近乎完美的管理思路。"干多大事情，就要担当多大责任"，利润与责任本应该是对等的，权利和义务本也应该对等的。这套科学的计算方案，其实是在把所有的干系人纳入项目运作的体系中，实现互相支撑，为共同完成一个目标而努力。因为，项目是一个相关干系人共同完成的事情，任何的等待和不作为的举动，都会给自己带来相应的惩罚。只有整体的结果是好的，所有人才会享受到因此带来的福利。有了这样的动力之后，团队才会产生更强的黏性，实现真正的自运营管理，达到真正的全项目管理阶段。

读书体悟

现场管理就是提意见、记考核、做东西

项目管理是一个强计划型的活动，每一步计划的落地情况都关系到该项目的正常运行。如何保证所有的节点都能够按照计划完成，确保质量、进度、成本、效果等都在可控范围内完成是整个项目管理工作的重要环节。

很多的项目在运行过程中，总会遇到计划归计划、执行归执行的情况。理论上，当计划与执行相脱离的时候，必然会给整个项目带来一片混乱的局面。奇怪的是，在这种情况下，大部分项目也都能够在关键的时刻平稳过关。因为，企业不允许它失败。

对于一个企业而言，项目是整个企业得以生存和发展的前提条件，因此，保障项目完成最后的目标是整个公司的重要使命和责任。在我们经历的所有项目中，几乎没有遇到过一个项目是真正失败的。因为，公司不允许它失败，他们总会动用全公司之力把它完成。从某种意义上讲，这时候的完工已经和项目层面没有关系了。它已经超越了项目管理的范围，它已经成为公司的战略达成了。对公司而言是达成目标，对于项目团队而言却是一个失败的项目。

服务、协调和平衡是管理的主要工作

这样的结果是我们不愿意看到的。理论上来讲，通过抢工和快速跟进完成的项目，都不会有好的结果，总会给后期维护和未来的使用埋下隐患，有时的风险是巨大的。因此，我们谈论项目就不得不谈计划管理，谈论计划可控就不得不去谈论计划执行情况的掌控动作，这是一个相辅相成的管理动作。

所有公司都在强调检查的动作，不仅要求管理人员要站在一线，还要配备一个专门的监察机构去监管。当然，公司层面上的管理人员进驻现场去调研也是必不可少的动作。这是非常好的执行手段。由于角色不同、眼界不同，可以从多种角度去发现问题，然后规避风险，能够更好地为项目的成功保驾护航。但是，监督检查机制落到基层管理上到底该怎么去执行，或许并不是一件非常简单的事情。我们常常见到一些管理者进入基层就会变得非常兴奋，变得思想爆棚。大脑中迅速抽调出各种优秀的案例进行对比，于是，看到哪里都不顺眼，看到哪里都是问题，似乎没有提出足够的批评意见，就显示不出自己的能力。

事实上，这种管理模式会产生非常大的问题。所有的项目的匹配度都是不一样的，我们无法用奥迪的驾驭体验去评价奥拓的驾驶感，否则带来的就会是一系列不符合标准的答案。所有的项目所处的阶段都是不一样的，背景逻辑也是不一样的，我们不能用一个一成不变的标准去评价不同的阶段，否则就会带来一大堆的负面的情感。时间长了，看似非常高的管理标准就变成不切实际的口号，往往不能给团队带来任何建设性的意见，反而成为打消团队士气的元凶、导致项目混乱的导火线、造成项目失败的诱因。难怪很多项目团队见到领导来检查，就像老鼠见到猫似的，想方设法地做足面子上的工作。其实，问题都在看不见处。这样的管理本身就是一个大问题。

管理本身是有计划的，一切的考察标准必须依靠计划来评价才是正确的方向。管理的重要责任就是要解决计划中的问题和风险，确保项目能够正常运行才是它的重要目标。因此，我们强调管理者到现场只能做以下三件事，这才是对项目最大的支持。

第一，提意见。这个内容是对现场检查过程的一个描述，对看到的问题提出宝贵意见，但不要进行深入的交流。这个过程是一个彼此了解和碰撞的过程，它不应该给出任何结果，要给人留下足够思考的空间。

第二，记考核。这个过程是对"提意见"过程的深入研究，同时把关注的节点、问题和表面的现象记录下来。它应该是一个客观的考察文件，是信息传递的重要工具。

第三，做东西。这个过程才是检查真正要做的工作。这个过程必须是在一个平静的状态下进行的，它需要把记录下来的所有信息与启动过程和规划过程的文件作对比，客观地判断现象所带来的问题。一旦发现问题的发生将会带来可预见的风险，就要立即提出解决方案或变更请求。只有这样的"东西"才是有价值的、客观的，才是能够给团队带来有力支持的举动。

通过以上三种方法，就可以把检查工作变得更加客观，真正站在解决问题的出发点做事情。这种做法，不仅能够得到项目层面的欢迎，更重要的是能够从根本上解决公司层面上担心的问题。

读书体悟

不要停留在把项目做完的层面上

所谓的项目就是一个有着开始时间和结束时间的一次性工作。往大的方面来说，它直接的关系到企业的生存，是企业得以运转的头等大事。但是，往小的方面讲，项目只不过是一个临时性的工作，是企业得以运转的基础单元。只要大部分单元能够正常运行，企业就是一部正常运行的机器。因此，只要这个项目不影响企业的运行，就会随时面临着被取消的可能。

对于项目团队成员而言，团队的组建完全是为项目服务的。由于项目的临时性和不确定性，也注定了项目团队也是一个临时性的组织。一旦项目结束，所有的团队成员也将被解散，被退回到职能部门去，等待重新分配任务。

项目是一个资源整合的部门，是一个结果导向的部门，它所关心的工作是通过管理实现计划的完结。项目需要有才干的人加入进来，能够把安排的工作落实下去是其最重要的工作。因此，项目是一个选拔人才的机构，而不仅仅是培养人才的部门。

项目是一个临时的组织，而职能部门却是一个长久的机构。由于两个部门的出发点不一样，做事情的方式也会出现迥然不同的差别。因此，一个成员必须能够平衡好两者的关系，才能找到自己正确的方向。

对于团队成员而言，完成项目不能使自己成为人才，也不能使自己的价值提高。当一个成员过于依赖于项目的时候，完全停留在把事情做完的时候，这个成员就已经面临非常大的挑战和不确定性了。一个完全把自己投入到项目本身的人，其实是把自己框进了单一的牢笼当中，看不到外面的世界。这样的人很难进入人才培养的体系中去，很难使自己进入一个持续提升的状态。因此，这样的人已经不能确定自己是否仍然会以人才的身份被选中到下一个项目当中去，这是非常危险的。

对于企业而言，项目管理是至关重要的工作。对于团队成员而言，经营自己要比经营项目本身重要得多。只有把自己培养成为持续高效的人才，才可能为项目本身创造更高的价值，这才是企业真正需要的。

职能部门就是培养团队成员持续高效的机构，是企业运转的坚强后盾。

一个成员在平衡项目和职能关系的时候，一定要做好精力分配的比例。有句话为这个处境指明了方向——努力没有用，方向才重要。一个成员一定要在职能体系里实现高效地成长，才是对自己、对项目、对企业有意义的事。

完整的交底流程和方法

在整个项目管理的体系里，信息对等的传递关系直接影响到项目落地的完整性。因此，做好交底和反交底的工作就成为一件尤为重要的事情。这个过程是一个信息传递的过程，是沟通协作的过程、更是多方承诺的过程。其所需要达到的目的一定是使多方干系人达成共识的结果，这个结果的达成是所有的管理工作需要实施的基本依据。但是，如何做好一个交底工作却不是一件容易的事情。

项目交底的本身是一个思想传达的过程。这个过程需要通过一系列的工具和流程的明确关系，表达出明确的思想内涵。这个表达必须要输出明确的想法，说明要做的事情是什么；要有明确的评测标准，要让所有人知道我们的考核标准是什么；要有明确的使用说明书，使人能够知道如何去实施，如何去操作才能达成目标。我们只要评价交底工作的深度，就能够判断相关干系人的了解深度，就能够直接地判断出项目落地的结果是什么样子。

这个信息传递的过程是相对复杂的，我们可以用两句话进行概括。理解了这两句话，就能够灵活地掌握交底工作的技巧和方式，同时能够带来创新，对整个项目的运作给予非常重要的指导作用。

第一句：干什么事、怎么干、抓重点。这三句话被称为管理三要素，它所描述的是对项目的思考过程、管理过程和落地过程，更是项目管理的方法论。干什么事，这是一个达成共识的过程，是对结果的一种解释，在这个过程中要充分达到信息对等的结果；怎么干，这是一个操作层面上的动作管理，是对结果不断拆解和细化的过程，是需要把事情讲解得更加透彻的过程，是透过现象看到本质的过程；抓重点是管理体系的思考过程，要把重点精力放到重点事情上，确保不同的人员都能够做到稳定的结果，它是执行力的落地过程，更是可控的执行过程。

第二句：尺子和尺子说明书。这是项目管理技术层面的应用工具，更是重要的评测标准。在交底过程中，评判一个交底工作是否获得成功，就可以用尺子这个工具评判它的结论是否是可以标准化的，从而判断交底的信息是否完整；尺子说明书是在解释标准化的背后逻辑，可以用评价流程和实施流程两个方面来诠释尺子说明书的意义，它告诉相关干系人如何来实现这个标准，在实现这个标准的每一个过程应该注意什么，才能保证最终的结果是稳定的、可控的。

总之，管理三要素和尺子的概念是项目管理的两个重要思路。前者偏于规划阶段，而后者偏于执行、落地阶段。它们共同揭示了项目管理的背后逻辑，依靠这个逻辑做事情就能够确保项目的成功。对于双重交底而言，这两个工具更是不可或缺的策略，它提供的是交底的逻辑和方法，也提供了交底的完整流程。依靠这个逻辑去研发自己的工具，就能够为项目的成功找到方向。此外，工具不是永远一成不变的，根据组织成熟度的不同，它们应该是有生命的，是变化的。但是，无论怎么改变，它们所有的成长都应该是有利于以上两个重要思路传达的。

交底的流程和方法没有一定之规，但是，它们的原则是统一的。根据不同的组织成熟度，交底的流程和方法也是有所变化的。有一个原则必须要明确，交底的内容一定要简洁、明了，越偏于可视化越容易被人接受。大而无当的全盘诉说和没有进行交底工作的本质是没有什么太大区别的。

交底工作的真正目的是让信息在相关干系人中顺利传达。因此，谁能够把交底的工作做得足够透彻、足够明了，谁就掌握了把项目管理工作做到可控的法宝。

读书体悟

服务、协调和平衡是管理的主要工作

项目达成、技术创新和团队成长绩效

在项目管理这个行当里，对于管理者的价值很容易用结果兑现的数据来评价，因为这样的评价体系简单、直接、有效。项目是企业得以生存的基本单元，通过项目规划的达成率评价一个项目的好坏似乎也是一个非常合理的评价方式。但是，当我们改变一个视角看待项目的时候，我们似乎可以看到一个完全不一样的结果。

企业是一个运营组织，也是项目价值实现的直接条件。因为，所有的项目从立项开始到价值的实现完成都是在运营层面上获得的，与项目实施的过程没有直接关系。换句话说，在没有实施项目之前，项目能够给企业带来的价值就基本确定了，它跟项目的实施过程没有太大的关系，它只与投标水平和运营能力有关系。但是，能够直接影响价值实现的因素却是直接来源于所有项目的历史数据和沉淀下来的经验积累，它与完成的项目有关系，与项目的实施没有关系。

历史数据是一个大概率事件，它的存在为价值的分析提供了参考，能够直接地分析出项目的投标水平。但是，由于数据是一个评价体系，不是操作的依据，因此，它对组织的成长没有任何用处。相反，虽然组织过程资产不能够为价值的预判提供依据，但是，它却能够为大概率事件提供前进的动力，确保未来的数据越来越乐观，这才是所有的企业在不断追求的目标。因此，我们评价项目、评价管理，一定不能抛开其产生的组织贡献，否则，就会成为项目巨大的损失。

项目是一个临时性的组织，它的所有工作无非是达成预期的价值而已。因此，对于团队成员的数据兑现的评估一定是管理项目的最好方式。这种方法可以通过过程中的数据匹配来评价风险等级，以便及时地找到匹配的应对策略来规避掉风险，确保项目成功落地。这是项目达成的有力保障。但是，对于组织成熟度而言，它的作用微乎其微，因为，整个组织掌握在管理层的手里。如何让管理层参与到绩效评估体系，并很好地落实，才是管理要考虑的问题。因此，对于管

管理者的三个考评机制

| 团队建设 | 战略达成 | 创新绩效 |

理者而言，有效的绩效评估就不能是简单的数据了。管理者是企业的核心竞争力，他的所有工作必须是为提高企业核心竞争力而服务的。因此，一个管理者的绩效评估一定是一个完全不一样的方向。

就管理者而言，如何规范好绩效评估的构架，是一件非常重要的事情。在某种程度上，有效的绩效评估已经成为企业发展的头等大事，因为，它直接关系到企业核心竞争力的提高。更重要的是，一个明确的评价体系能够给予一个管理者更明确的做事方向。在这个确定的方向下做事情，就不会让整个团队迷失方向。同时，明确的绩效评估体系能够让管理者有的放矢，提高自己的思想力。

在过去的很多年里，我看到一些企业采用以下三项内容来评价管理者的绩效，都能取得非常好的成绩。这三个标准为管理者提供了做事的依据。对于团队成员而言，也提供了一个更高的做事准则，使自己获得更多的发展机会。

这三个绩效分别是：战略项目兑现绩效；创新绩效；团队成长绩效。

1. 战略项目兑现绩效：包括质量、进度、成本等九大知识体系目标的达成。

2. 创新绩效：持续的创新的产品与技术或专利、专业工作方法及敏捷的管理方法等，为体系的发展提供依靠。

3. 团队成长绩效：通过团队梯队结构健康性或员工满意

度、专业知识总结分享学习或人员能力成长,保证整个团队更加快速地成长。

这样的管理思路是全方位视角的评价,这正是管理者该做的三件事。有了这样明确的定义,不仅能够帮助管理者完成自我进化,更重要的是,它将成为企业发展的基石,能够带领企业进行变革和进化。

> **读书体悟**

第八章

逻辑管理和非逻辑管理是必备的管理素质

管理项目需要逻辑，纯逻辑的管理才能将管理纳入一个标准的管理逻辑中。对于项目的管理必须是非逻辑的，通过倒逼机制才能做到影响一切可以影响的因素，使管理按照原有的计划实施，从而达到管理的目标。

先梳理再管控是正确的管理模型

培养别人的过程也是培养自己的过程

没有计划的管理不叫管理

管理就是让相关资源处于可控状态

项目管理是逻辑的，管理项目是非逻辑的

控制好前置条件就能做好管理

管理必须能够被量化

逻辑管理和非逻辑管理是必备的管理素质 第八章

先梳理再管控是正确的管理模型

"管理"这个词是一个非常大众的词汇，不管我们对管理的参与程度有多高，都会对管理这个词汇有一个大概的认识。但是，当我们把管理当个课题来研究，谈到到底怎样实施的时候，或许不是我们想象的那么简单，还是需要一段很长的时间学习的。管理这个词已经被我们熟记于心，但是，错误的概念一直影响着我们的一举一动，以至于一谈到管理，很快就把目标锁定到如何去操作，进入到管人还是管事的争论中去了。其实，我们无论把观点落到哪一方，都不能理解管理的本质内容，因为管理本身是一个更全面的范围。管理从来都不是做具体事情，而是一个整合资源的过程：能够让专业人员去做专业的事情，这样的管理才是最好的管理。管理的本身就是在专业之间进行串联的过程，如何去串联、整合，如何去把操作变得更简单、更可控，这才是管理本质。当然，从操作层面上去理解管理这个词汇，或许也是一条新的思路。就事论事是最简单的理解方式，但是，那是一个错误的答案。

我们可以把管理这个词汇拆解来分析，就是管事加梳理的过程。管事和梳理是两个完全不同层面的事情，前者是执行层面上的事情，后者是计划层面的事情。

从词面上来理解管理，一定是先管理好事情，遇到问题再去找原因，再去解决事情。这种管理流程恰恰是我们社会上普遍存在的一个管理方式。这种管理方式本身存在一个很大的问题：我们在操作过程中，一旦发现问题，必然会造成停工、纠错、返工、再复工的过程发生。这样的反复过程一定会造成整个管理成本大大增加，甚至造成整个项目的失败。这也正是传统商业模式在新的商业环境中失败的一个重要原因。

现在，我们再谈管理，其实是对管理的认知重新梳理的

逻辑管理和非逻辑管理是必备的管理素质

过程，我们用管理科学这个词汇来代替原有的管理的概念，其实是对管理过程的颠覆。管理科学的逻辑是先理后管的过程，我们在做事之前对事情本身进行全面的梳理，从管理的知识体系和结构化体系上进行排序，进行框架搭建，这个过程叫作前控的过程、计划管理的过程，也叫作通往成功的线路图、达成目标的纸面模型。这个过程是一个所见即所得的过程。理论上，只要这个模型搭建得足够详细和正确，管事就是简单落地的过程，是项目团队完成自行运转的过程，管理本身就会变得非常简单。这也正是很多大企业能够有更长生命的主要原因。

梳理是计划的过程，管事是计划落地的过程，两者处在管理的不同阶段，因此具有完全不同的逻辑。管理的本质是可控、掌控。它一方面依托于计划的准确，另一方面需要依靠团队的职业操守和对团队的足够信任。对人的管控是最复杂的，但是，只要选择好工具，对人的管控也是最容易的，这个工具是多方承诺。当多方承诺无法达成的时候才需要管控，因为无法达成就意味着风险的存在。没有风险就不需要管，梳理计划就够了。

管理的最大问题是梳理少、承诺少。每个人都愿意埋头做事，而不愿意认真思考怎么做事情，把管理变成了监督和监控的过程。管理者愿意沉浸在上手做事的乐趣中，而不愿意对自己负责，更不愿意对别人负责，所以管理才会出问题。

培养别人的过程也是培养自己的过程

任何企业能够存活下来都是一件了不起的事情。这件事情的本身就是社会责任感的体现，是值得人尊敬的。但是，一个企业能够经营得长久不能仅依靠以往的光环，而是需要有更高的规划和愿景。

有很多企业都在高调地宣传自己的企业文化，这种所谓的企业文化大部分来源于企业过往的经验。在创业之初的很长一段时间里，这样的文化确实能够给企业带来年轻的活力，能够带领一批跟随者勇往直前，为企业的发展奠定了基础。然而，继续前行，很多企业都面临瓶颈，举步维艰。管理者都在强调大环境不好是造成企业生存困难的根本原因。这是一个非常片面的答案。环境的变革永远是机遇和挑战并行的，顺势而为才是正确的方向。

创业阶段和经营阶段是两个完全不同的过程：创业需要合作伙伴，需要的是吃苦耐劳的精神；经营需要的是方法、思路，是需要向所有的前辈学习的。创业阶段向经营阶段过渡的过程就是由量变到质变的过程，必须摆脱掉原有的热情心态，慢慢平静下来做事情。这是一个痛苦的过程，就像化

逻辑管理和非逻辑管理是必备的管理素质 第八章

茧为蝶一样,必须经过裂变才能达到真正的改变。

"铁打的营盘流水的兵",进入到经营阶段必须重视制度建设和流程建设,这才是改变的根本所在。这样的企业往往具有很强的社会责任感,不仅能够把自己的企业经营好,还愿意把自己当成培养人才的黄埔军校,能够毫无保留地传授所有的管理知识。这样的企业能够把所有的员工培养成为精兵强将,大大提高了生产效率。员工能够成长得更快,更愿意在企业里长久地服务下去。同时,优秀的人才输出,也能够给企业带来更大的知名度和更好的口碑。

有很多企业者和管理者却是抱有完全相反的思路,总是寄希望于用几个核心人员的力量把企业做好,不愿意花费力气进行人才培养。不愿意给员工创造成长的空间,担心人员的流失会给企业带来竞争压力。很多初创企业都会有这样的担心,这个想法并没有问题,因为初创期靠的是机会和核心技术。但是,到达经营阶段靠的是管理,靠的是运营的节奏,必须依靠整体实力的提高才能获得行业的认可。此时,再采用保守的管理就是完全错误的想法。

人的格局有多大,事业就会有多大。这也正是很多企业走向困局的根本原因。对于企业管理者如是,对于一个项目管理者仍然适用。

项目管理者必须通过计划来管理项目,必须培养团队成员如何来管理计划,让整个体系向前运作,才能形成更好的生态圈。放任和依靠个人能力的管理都是完全错误的,那样的管理不叫管理,那叫干活,只是比较高级的劳动而已。

好的项目管理者不是干出来的,他必须从里面开始发生改变,然后让改变开始向外面蔓延,才能真正地作出优秀的项目管理。

读书体悟

逻辑管理和非逻辑管理是必备的管理素质

没有计划的管理不叫管理

在建筑这个行业里，大部分工序都是强逻辑性的，都是需要按部就班完成的过程。一旦超出了逻辑的范畴，就有可能带来巨大的风险。多线程的管理偶尔也是存在的，但是，它的量级是非常少的。即使有一些短暂的工作是可以同时并行的，还要很快回归到单线程的逻辑管理的过程中。这样的项目管理本身就是一个有着非常强大逻辑性的管理过程，是一个单线条的管理思维。它的整个管理逻辑是相对单一、相对简单的。强逻辑性的管理模型必须通过一个强有力的计划管理模式进行管理。这样的计划模型的搭建必须要考虑得足够详细，才可能在计划落地的时候更贴近原有计划，完成预定的工作安排。

理论上，只要模型搭建得足够精准，整个项目的运作就可以依靠计划的模型完成自行运转，而不用投入更多的精力。这种能够被计划出来的管理是最简单的管理模式，因为，这样的方式更贴近管理的定义：没有计划的管理不叫管理，越是能够被计划出来的管理越是简单的管理。这个概念其实也在描述一个最简单的管理概念——管理手段一定是要在计划的条件下实施，一切不以计划为基础的管理都是错误的。

我们经常看到这样一些项目管理者，一到项目上就会大发雷霆，看到哪里都会觉得不满意，这是非常错误的管理方式。没有经过分析就做出判断的管理是不科学的，它除了会给项目的运行带来混乱以外，没有任何意义。我们必须强调

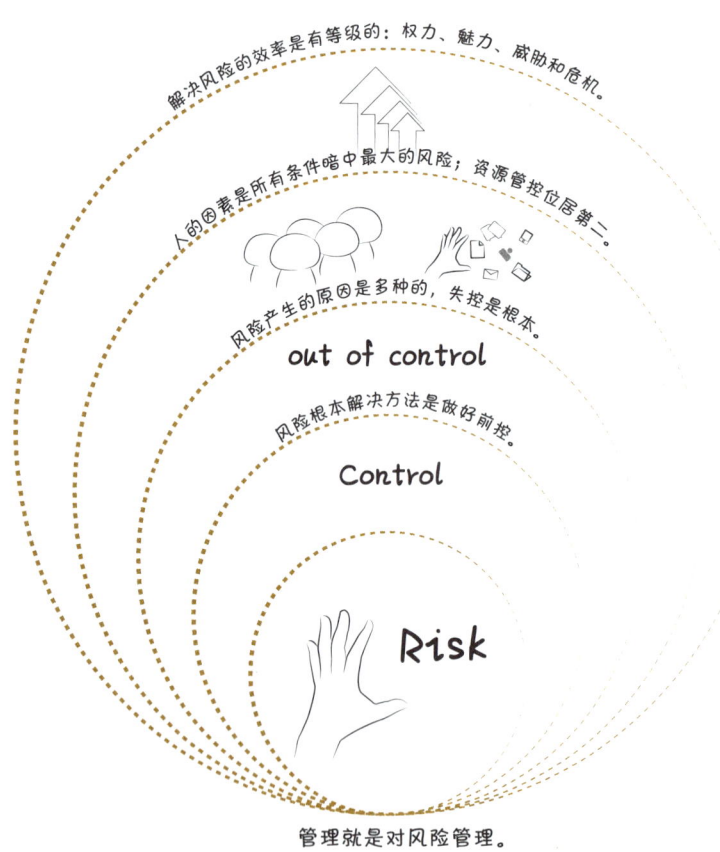

一个观念：所有的被眼睛看到的事件都应该只是被记录下来，这些事件必须要被匹配到计划中去，才能客观地判断出它所带来的影响。判断它是否成为问题或风险，找到更可行的方法促使现有节点的计划回归到原有的计划中去，才是正确的管理方式。

我们讨论项目管理必须强调管理思维的逻辑：没有问题和风险是不需要管理的。所有问题和风险的判断一定是以计划为基础来谈论的，最终的思考一定是回归到计划的本身。计划管理是逻辑管理最直接的表现。一切管理不能离开计划，一切问题和风险评估不能离开计划，这样的管理才是最有说服力、最容易达成共识的，也是最好操作的、最简便易行的管理方式。

读书体悟

管理就是让相关资源处于可控状态

制定计划并不是一个陌生的词汇，只要从事项目管理这个行业的人都会对计划的作用有一定的了解。然而，到底该如何制定项目管理计划？制定到什么样的深度？计划中到底应该融入哪些信息？这些内容并不是所有的管理者都很清楚的事情。

很多管理者不太重视计划的编制过程，他们的观点是"计划赶不上变化"，如果没有强有力的现场管控能力和应对能力，一切计划都等于空谈。因此，这样的管理者非常强调现场见缝插针的能力和抢工的能力，注重结果导向。我们只能说那是片面的想法，因为他们单方面强调了把工作完成，却忽视了质量、成本、风险、沟通等多方面的因素，这样的管理结果一定不是最成功的。如果，我们以进度为导向，只要能够实施，能够把项目真正地落地完成，所有的做法似乎都是说得通的。

事实并非如此，项目管理是一个整合管理的过程，满足多方的要求才是项目管理的真正目的。因此，我们强调项目管理是一个复杂多变的过程，必须在实施之前策划好所有风

逻辑管理和非逻辑管理是必备的管理素质

险的预控措施，才能确保实施的可控、风险的可控、结果的可控。所有可控的概念其实都在强调一件事，那就是计划的概念，没有计划的概念就无法谈论可控的概念。

一个计划编制的好坏直接关系到项目落地的结果：它是前控数据，可以规避项目的风险；它是可以评价的重要指标，能够从前端判断管理的能力和水平，有利于培养管理者的管理能力。

我看到过很多种形式的项目管理计划，不管是编制的形式、编制的内容，甚至到制定方法上都各有不同。我们暂且认为这些计划的制定过程都是合理的、正确的。项目管理的本身就是一个不断发展的过程，编写项目管理计划和制定方式也必然会经历不断调整和改变的过程，同样也必然会存在多种形式的可能。

理论上，我们用过去的管理方式和现在的管理方式去管理项目都是没有任何问题。无论利用哪种方式去管理项目，那种方式必须是符合逻辑的、可掌控的。

我们看到过这样的计划，它是用横道图来表示的，整个的逻辑是没有问题的；我们也看到过用里程碑的方式来做计划，执行起来也是没有问题的。对于我们而言，更喜欢用甘特图的方式来表达。无论用哪种方式来制定计划，只要它的逻辑是交圈的，是可行的，整个管理过程就是一个自然而然的过程。项目管理的本身就是按照计划完成工作。

管理的过程就是影响一切可以影响的因素，使之回归到原有的计划上来，按照预定的计划完成项目管理工作就是项目管理者的最终目标。也就是说，我们必须把所有计划落地的前提条件管理到可控的程度，才能确保计划落地的完整性和可行性。因此，评价一个项目管理计划是否可行，只要评价它对资源的管理是否处于可控的状态就可以了——对项目的可控，首先必须是对资源的掌控。

在我们看到别人做施工计划的时候，我们除了去评价他们的管理逻辑是否处于合理状态以外，我们的更多精力都会对其可用的资源进行核对、考量。我们会不断地分解施工管理计划，对其逻辑梳理和确认；然后，根据分解的任务去匹配人力资源；之后会对计划中的人力资源的分布状况进行分析，判断施工计划是否合理。

在我评价的大部分的施工管理计划中，发现一个非常有意思问题：大部分计划的人力资源分布图都像股票的波动线一样，涨涨停停的，具有非常大的不确定性——人员的不确定性，其背后暗藏着的就是管理的巨大的风险。任何项目的落地都是依靠人力资源完成的，它是计划得以实施的重要保障。当人员的数量频繁出现大幅波动的时候，就意味着出现频繁的人力资源变动的状况，它会意味着几个问题的发生：1.团队的凝聚力不强；2.组织的成熟度不断下降；3.人员补给可能不及时；4.多次抢工。细分下去还会发现更多的问题，

逻辑管理和非逻辑管理是必备的管理素质 第八章

所有问题的发生都会指向一个结果：计划的达成存在着巨大的风险，它是不可控的，必须重新调整计划。

一个可行的计划编制必须经历几个过程：第一步，根据总体计划的要求排布施工逻辑；第二步，根据施工逻辑的排布匹配劳动资源；第三步，梳理人力资源的分布区位图，调整人力资源，按照一条抛物线的形式进行分配；第四步，根据人员分配重新梳理施工逻辑。这时候的施工计划才可能是更贴近于实际的落地过程。当然，如果要把施工计划做到真正可控，必须还要考虑相关干系人的诉求、采购的状况、前置条件的时间等因素。有些条件是可以预先获得的，有些条件是在管理过程中不断获得的，因此，我们才会说施工计划

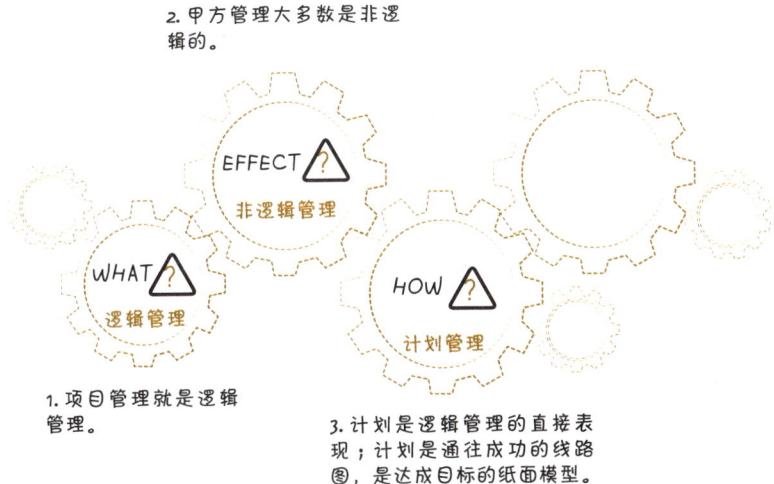

1. 项目管理就是逻辑管理。
2. 甲方管理大多数是非逻辑的。
3. 计划是逻辑管理的直接表现；计划是通往成功的线路图，是达成目标的纸面模型。

是一个渐进明晰的过程。

即使我们把计划做得足够可行,运用到实际工作中仍然不是一个最可行的结果。我们把这种方式的计划叫作闭门造车、纸上谈兵。因为,项目本身就是在复杂多变的环境中做事,如果我们不去考虑周边的所有因素,不考虑所有相关干系人的需求,那样的计划仍然是不可行的。

在做计划管理的过程中,前提条件是影响落地的一个重要因素。做好现场的信息处理和前置条件需求的满足,在这样的前提条件下制定的计划才是可行的,才是更贴近真实的。

项目管理计划是一个渐进明晰的过程,所有的节点计划都是可以前后调整的,大的关键路径上的计划是不能有突破的。这就是我们说的,影响一切可以影响的因素,使之回归到原有路径上来,这就是对计划渐进明晰过程的解释。

在计划落地的概念中,有一个非常重要的观点就是"与人方便、与己方便",还有一句话就是"你不关心别人的问题,别人就成为你所关心的问题",这些观念都是促使我们计划得以落实的重要手段。因此,在我们看来,无论是制定计划还是实施计划,如果没有前置条件的应对措施,一切计划都是没有用处的。对于专业人员而言,完成专业的事情是非常容易的,但是,在实际管理过程中,影响整个项目落地的真正原因很少是出于自己的专业因素。因此,我们才会提出"与人方便、与己方便""你不关心别人事情,别人的就成为你所关心的问题"的概念。所以,在计划实施的过程中,一定要更多地为其他人考虑事情,满足其他人的要求。能解决相关人的诉求,我们的计划就能够真正落地。

读书体悟

项目管理是逻辑的，管理项目是非逻辑的

项目管理的本身是一个整合相关干系人把事做好的行业。在这里，管理强调的是一种合作的状态，共同把事情做好的决心。相关干系人必须要依靠一个明确的指令去做事情，才能减少过程中不确定性的发生，从而规避掉风险的存在。这个指令被称为管理计划，它是相关干系人从事合作的依据。

管理是有计划的，它是引导整个团队通往项目成功的线路图，更是风险规避中的纸面模型。因此，我们才说"没有计划的管理不叫管理"，在突破计划的状态下把事情做得再好也只能叫作干活，而不能叫作管理项目。管理这个概念本身所描述的是一种思维状态。所谓的管理指的就是先理后管的过程，理是梳理、计划的意思；管是执行的过程，落地的过程。这两个过程是有着完全的先后顺序的。

项目管理的整个管理逻辑都是计划性的。但是，由于相关干系人的角色和所处阶段的不同，计划制定和管理计划的方式又有着完全不一样的表现形式：有些是逻辑的，有些是非逻辑的。对于整个项目管理而言，它不应该是简单的逻辑与

逻辑管理和非逻辑管理是必备的管理素质

非逻辑的,它更应该是游离在逻辑与非逻辑之间的一种动作。

在传统观念里,谈到计划管理就不得不去谈论逻辑管理,因为,只有逻辑的才能够更容易地被计划出来,被安排出去。这种纯逻辑的管理是最简单的,纯逻辑的管理也被称为简单管理。很多单项目管理都是简单管理,这种管理更容易被人接受,这样的思维模式被称为正向思维,它是整个项目运作中最重要的思维方式。

在工程管理体系里,这种逻辑管理的特点表现得最为突出。因为,它的大部分的工作都是纯逻辑的,是有着明显的先后顺序的。理论上,管理者只要能够充分了解这个程序,并且确保所有的节点按照既定的目标完成,项目就能够顺理成章地完成。这是一个非常简单的过程。

事实上,无论管理的数据有多么强烈的逻辑性,最终能够按照逻辑的顺序完成目标也是非常困难的。因为,项目管理就是在复杂多变的环境中做事,这个先决条件也就注定了前置条件是不可控的。任何不确定的因素都会造成纯逻辑的改变,按部就班地把事情做完是不可能的事情。要想实现计划的真正落地,逻辑管理的过程一定是要掺杂着非逻辑的管理方式,通过非逻辑管理方式推动管理计划的进程,最终保证纯逻辑管理目标的达成。

纯逻辑的管理是一种呆板的管理模式,它能够被客观的因素所影响。按照逻辑办事情,计划的管理落地经常会变得非常的困难。由于前期的时间不可控，所有工作都会被挤压在最后的一段时间里，花费大量的人力和物力去把事情做完，结果往往不会太好。

"为什么总是最后一天才能把项目干完？"这是一个非常重要的一个问题。之所以会出现这样的问题，是因为过程中太关注逻辑的管理了，才给自己找到了拖延的借口。换句话说，如果能够把最后的抢工的逻辑提前进行分解管理，就不会出现后期的风险。这个管理的策略叫作非逻辑管理，叫作管理的逆向思维，叫作管理的倒逼机制。非逻辑管理是计划管理的有力补充。

对于管理者而言，管理项目一定不能按照既定的计划进行逻辑管理，否则就会被纯逻辑的东西牢牢地绑架起来，无法进行管理。我们必须承认，计划的编制是管理的依据，但是，倒逼机制才是管理者真正应该使用的工具。

倒逼机制要求项目团队通过一切办法守住计划的底线，当第一个节点面临突破的风险的时候，就要采取一切办法进行解决。这里可以采取抢工和快速跟进的方式来解决，更有可能需要改变原有的思维逻辑去执行，通过创新的动力去解决问题。无论哪种办法，都有利于团队的成长。当过程中的所有节点变得可控的时候，整个项目才能变得可控。

非逻辑管理是管理者的管理工具，是保证项目成功的重要依据。逻辑管理是执行层面要考虑的问题，是确保执行质量的前提。两者是完全不一样的思维逻辑。但是,有一句话必须要注意"执行层面的东西一定是为管理服务的",脱开了管理的目的,一切的执行都是没有意义的。

读书体悟

控制好前置条件就能做好管理

管理本身就是协调和沟通相关的干系人按照既定的方向把事情做好。但是，在实际操作中，管理又会遇到各种各样的难题，造成项目很难继续往下推进。有些是管理原因造成的，有些是技术人员的管控不当造成的。虽然这两种成因都造成了项目的失败，但是，它们的严重程度和危害程度却有着完全不同的层级。

我们经历过和观察过非常多的项目，真正由于技术自身原因造成重大问题的事件少之又少。虽然，我们经常听到一些管理者抱怨他的团队个别成员的技术不合格，但是，当我们认真分析整个过程的时候，就会发现那样的判断是不客观的。

我们的教育体系是一个培养技术人才的体系。只要在行业内有过一定经历的个体，一定能够完成理论联系实际的转化，完成知识与技术的融合转化，从而解决掉这些技术问题。尤其是在景观这个以技术为核心的行业里，由于技术造成项目出现问题的概率更是非常小的。

在整合管理体系里有过这样的判断"在一个项目运作的

逻辑管理和非逻辑管理是必备的管理素质

过程中,管理者承担80%的责任,整个团队承担20%的责任",这句话其实在阐述一个重要观点:由于技术原因造成项目失败的可能性非常小,大部分的失败都是由于管理不到位所造成的。由于管理不到位,技术人员无法发挥自己的才能,造成项目的目标无法达成,这本身就是一个与技术无关的问题。

项目是由一个团队来完成的。如果团队内部能够形成一个完整而清晰的流程,项目的自行运转就会成为一件非常容易的事情。

我们经常会听到这样的抱怨:"没有人告诉我什么时候需要加入,也没人告诉我什么时候需要退出,总是突然告诉我明天必须完成,我该怎么做?"这句话听起来似乎有点复杂,其实他谈论的是计划的问题。一个管理者不按计划去管理,必然造成团队成员不知该如何布置和安排工作,不知道如何匹配资源,即使有再高的技能也无法施展出来。换句话说,只要预先定好目标,在目标下分解工作都是可行的。目标不明确的管理是无法依靠技术来分解工作的,失败是必然的结果。

很多管理者总是盯着项目的计划不放,任何一个被突破的节点都会成为怒火爆发的起点,往往会压制得团队成员喘不过气来。但是,强大压力下的结果不一定明显,因为,很多事情不是技术本身能够解决的,它是需要体系的健全才能达成的。

我们看到过很多项目的失败,其原因往往不是团队的能力不行,而是前置条件迟迟提供不出来。"巧妇难为无米之炊",这才是困扰很多团队真正的问题。项目管理本身就是一个生产产品的过程,它就像在烘焙一块面包,把面、水、鸡蛋、调料配置好,让它自然地发酵,然后开火烘烤就能完成了。这个模式就是简单的输入输出模式。控制好前置条件,然后让它自然的运转才是最好的项目管理模式。

我们强调项目管理、计划管理,却很少强调结果管理,因为结果是自然达成的。我们真正管理的应该是前置条件,把前置条件解决了,计划就能够自行运转了。

一个管理者抓着计划的结果不放,就会花费自己的大部分时间去解决存在的风险问题。如果一个管理者关注前置条件的达成情况,其实是在调动一个团队去管理一个项目,这样的方式叫作"倒逼机制",这样的管理才是好的管理。

简单的输入输出模式,体现的是项目管理的精髓。

读书体悟

管理必须能够被量化

"劳心者治人，劳力者治于人"，这是人们骨子里存在的管理观念，它进一步明确了对人的管理是一切管理的核心内容。

在传统观念里，最好的管理方式就是通过说服的力量完成目标，也就是我们常说的以德服人的管理观念。既然是说服，其本身是很难进行严格约束的，其可控的结果大部分来源于"承诺的兑现"。这种做法在"信誉成为生存主体观念"的时代是完全可行的——所有人都会为最后的"承诺兑现"而不惜代价地完成，这些动作是源于自身内部散发出来的能量。但是，在商业化程度并不十分健全，而利益却成为生存目标的时代里，这种人性化的粗放的管理模式需要重新思考才能找到方向。因为，所有人都会从自己的利益出发去考虑事情。在利益面前，一切承诺都会变成一纸空文。于是，即使我们能够说服所有人也不能确定我们想要完成的目标能够达成，不到最后一刻，没人知道是否能够达成结果。无法达成目标的管理是不可控的，不可控的管理本身就是管理的失败。

我们并不是说"说服"的管理模式本身有错误。对管理而言，能够说服别人的管理形式依然是最高的管理模型，因为，人的本体没有变，变的只是做事的心态。要想进一步提高自己的"说服"能力，唯一需要改变的是我们的"说服"的方式，采用一种更加严谨和量化的说服方式。

人类的语言是非常微妙的，任何大概的和差不多的含糊不清的词汇都能给人带来心情愉悦的体验。它是留有余地的，它背后含义是不太着急。一旦我们把这样的词汇融入沟通管理中去的时候，无论我们的沟通结果何等愉快，其本身都会把我们围困在这个无法改变的圈套中——这样的沟通结果几乎都是失败的。要想管理好一个项目，必须采用科学的管理方式进行管理，科学的管理才是可控的，才能够稳定地达成目标。

管理是一门科学，科学化的语言是量化的语言。确定的目标需要明确具体指标才能有指导作用；制定计划需要量化指标才能成为可评测的依据；实施工艺需要量化的规范标准才能保证良好的结果。有了量化的指标才能给人明确的指导方向；有了细化的指标才能有把一个大的风险拆解成无数个小问题去解决的可能；有了量化的指标才能够把管理过程变成时刻可控的程序，从而获得更加完美的结果。

最有说服力的语言就是量化的语言，最能体现专业化的语言同样是数量化的语言。因此，能够把管理变成量化的过程才是好的管理过程，能够通过量化的数据进行人才培养的过程才是最好的人才培养方式。

第九章

记住这些字眼

"字眼"就是一个个的"模子",而感受就是要"浇筑的液体"。要能够了解到"字眼"的价值远比里面的内容重要得多。只要"模子"不变,我们就可以装进去色彩斑斓的内容,就会成为艺术品,就会变得更加宝贵。

记住这些个字眼 第九章

在思想的领域里,"字眼"是提纲挈领的东西,它能够给我们找到一些从未探索过的方向。这本书的所有内容就是来自对以下这100个词汇的探求而得出来的一些想法。我们在梳理这本书书目的时候,对一些内容进行了筛检和合并,甚至有些字眼变成了文章里的一部分内容。但是,当我们完成这部书稿,再来看这些字眼的时候,内心仍然感受到无比的亲切。对我们来说,这些"字眼"才是更有价值、更有意义的东西。

在这个书稿完成的最后一页,我们还是希望把这些最初的"字眼"罗列出来,希望在大家看完这本书稿,再来看这些"字眼"的时候,仍能够联想到书中的内容,仍然能够和我们一样产生对"字眼"的迷恋。如果有这样的结果,我们就知足了。

管理的框架思维	管理的方法
管理的几个概念	领导三要素
制度建设	管理从来不是做事那么简单
无为而治才是管理的最高境界	会议的本质
谈管理	沟通最大的问题是信息不对等
团队管理的过程	质量管理
会议是做什么的	计划管理

成本管理；管理就是掌控　　　　　　工作总结

管理型人才　　　　　　　　　　　　会议管理

工匠之心　　　　　　　　　　　　　管理阶段的匹配

管理不同于技术　　　　　　　　　　管理是一门科学

管理是需要培训的　　　　　　　　　信任是管理的前提

团队必须要有选拔机制　　　　　　　制度建设非常重要

管理是存在于思想方面的技术　　　　用工具去管理

项目管理就是逻辑管理　　　　　　　危机管理

项目管理　　　　　　　　　　　　　质量是立命之本

管理不是单纯的指导别人干事　　　　寻找管理落地的方法

管理是需要学习的

人盯人的管理不是值得推广的管理方法

管理模型　　　　　　　　　　　　　不和谐的声音

不要只是管理　　　　　　　　　　　要学会领导

大简至繁　　　　　　　　　　　　　沟通通道

利润和项目管理

努力没有用，方向才重要

企业发展的三条指标　　　　　　　　企业文化

人才　　　　　　　　　　　　　　　实现价值

现场管理就是提意见、记核考、做东西

会议管理的 40 小时原理　　　　　　团队建设是一个大问题

现场管理现场　　　　　　　　　　　项目管理思维的层次

项目经理和职能经理　　　　　　信用和信任

要为解决问题找方法　　　　　　由量变到质变的过程

员工的时间管理　　　　　　　　执行过程

专业和不专　　　　　　　　　　做事的意义

予人方便与予己方便　　　　　　边界条件的共识

生产型项目团队很难创造利润　　让企业走得更长久

学习"学习的能力"　　　　　　学习的过程

马太效应　　　　　　　　　　　领导沟通策略

管理的目的　　　　　　　　　　量化是唯一的专业标准

工程管理的三个重要措施　　　　管理者的特质（高层管理者的特质）

管理就是自我表现　　　　　　　自我（自信）修炼的途径

工程管理的三个重要措施　　　　责任分摊

管理者绩效评主要看三方面　　　做事、做市和做势

去掉中层管理　　　　　　　　　有界面有界线才是最好的管理

甲方管理的真正目的　　　　　　最简单的管理方式

理解先工程顺序定位　　　　　　甲方管理的真正目的

管理就是自我表现　　　　　　　研究精神；契约精神

企业层面上的项目管理　　　　　旁观者

能力不是锻炼出来的　　　　　　交底的流程和方法

点状知识　　　　　　　　　　　管理的逆向思维

战略和战术　　　　　　　　　　管理者的特质

结束语

拉锯战似的写作方式终于告一段落了。在写作的过程中，脑海里浮现了大量的故事情节和当时的各种感受，不知道是否能够从文章中感受得到。好几次都有冲动想把这些经历写出来，与大家共同分享这份痛并快乐的经历，但是，反复思量之后还是搁置下来。我们希望这里的知识更加纯粹一些，给大家留出思考的空间。

我们深刻地认识到这一点：充满画面感的表现形式更容易被人接受，再加上一些情感的描述也更能够吸引人的眼球。但是，我们不想这么做。因为，我们不是在写小说，是在与一些志同道合的人进行一次心灵的沟通、思想的碰撞。"五音令人耳聋；五色令人目盲"，一旦我们把故事写进去，就会把人的注意力集中到就事论事的环境中，结果把我们想要表达的东西忘掉了，这些不是我们想要得到的。我们相信，对于从业人员而言，身边从来不缺少这样的痛苦而无奈的经历，缺少的是这些经历所带来的灵感。我们想要表达的恰恰是灵感的迸发，然后通过志同道合者的思想共鸣去洗刷、历练成长中的经历，然后达到认同感或不认同感，使所有的见识成为从内心里长出来的见解，那才是对人最有意义的事情。

我们对很多管理方面的书籍都存有困惑，他们总能够在书中引入长篇大论的故事情节。我们常常困惑那些故事的存在，或许，我们一辈子也不会经历到，作者却能够讲得乐此不疲。当我们把全部的书籍看完之后，经常会发现除了记住几段有意思的故事之外，就不知道他们到底要说什么了。

也许是理科生的特点吧，我们更希望看到它的逻辑，单刀直入地告诉我们要讲些什么内容。文字不多，但是耐人寻味，有道理就好。这种想法就是我们成书的初衷吧。

我们不能保证所有的观点都是正确的，因为，所有的见解都仅仅是我们从工作中体验出来的感受和试验成功的方法。当然，在这个领域里，从来不可能存在一个一成不变的真理，因为，管理本身就是复杂多变的。任何一个有意在这个领域里发展的人，都应该根据每个人的独特性去寻找适合自己的办法，那才是最有借鉴意义的方法。

在这里，我们只是单纯地把自己的经验拿出来与大家分享。我们不是要强调想法正确与否，也不要求所有人都能够接受我们的观点。我们只是与大家分享一些我们的想法，抛砖引玉，希望大家能够和我们一样去寻找、总结出一套属于自己的成功方法，使得管理更加科学而有效。如果能够达到这个目的，或是能够给人带来一些思想的启迪，我们的目的就算达到了。

希望能够给大家带来一些收获。